Nataliya Popova

Intégration de microcaloducs plats dans des substrats électroniques

AF185564

Nataliya Popova

Intégration de microcaloducs plats dans des substrats électroniques

Conception, réalisation et évaluation expérimentale de caloducs plats pour le refroidissement des packaging 3D

Presses Académiques Francophones

Impressum / Mentions légales
Bibliografische Information der Deutschen Nationalbibliothek: Die Deutsche Nationalbibliothek verzeichnet diese Publikation in der Deutschen Nationalbibliografie; detaillierte bibliografische Daten sind im Internet über http://dnb.d-nb.de abrufbar.
Alle in diesem Buch genannten Marken und Produktnamen unterliegen warenzeichen-, marken- oder patentrechtlichem Schutz bzw. sind Warenzeichen oder eingetragene Warenzeichen der jeweiligen Inhaber. Die Wiedergabe von Marken, Produktnamen, Gebrauchsnamen, Handelsnamen, Warenbezeichnungen u.s.w. in diesem Werk berechtigt auch ohne besondere Kennzeichnung nicht zu der Annahme, dass solche Namen im Sinne der Warenzeichen- und Markenschutzgesetzgebung als frei zu betrachten wären und daher von jedermann benutzt werden dürften.

Information bibliographique publiée par la Deutsche Nationalbibliothek: La Deutsche Nationalbibliothek inscrit cette publication à la Deutsche Nationalbibliografie; des données bibliographiques détaillées sont disponibles sur internet à l'adresse http://dnb.d-nb.de.
Toutes marques et noms de produits mentionnés dans ce livre demeurent sous la protection des marques, des marques déposées et des brevets, et sont des marques ou des marques déposées de leurs détenteurs respectifs. L'utilisation des marques, noms de produits, noms communs, noms commerciaux, descriptions de produits, etc, même sans qu'ils soient mentionnés de façon particulière dans ce livre ne signifie en aucune façon que ces noms peuvent être utilisés sans restriction à l'égard de la législation pour la protection des marques et des marques déposées et pourraient donc être utilisés par quiconque.

Coverbild / Photo de couverture: www.ingimage.com

Verlag / Editeur:
Presses Académiques Francophones
ist ein Imprint der / est une marque déposée de
OmniScriptum GmbH & Co. KG
Heinrich-Böcking-Str. 6-8, 66121 Saarbrücken, Deutschland / Allemagne
Email: info@presses-academiques.com

Herstellung: siehe letzte Seite /
Impression: voir la dernière page
ISBN: 978-3-8416-2427-7

Table de matières

NOMENCLATURE

Lettres latines

b	Largeur de référence	m
c_p	Chaleur massique	$J.kg^{-1}K^{-1}$
C	Capacité	F
e	Epaisseur	m
E	Module d'Young	GPa
f	Fréquence	Hz
F	Paramètre de friction	N
g	Constante de gravitation	$m.s^{-2}$
Gr	Nombre de Grashof	sd
h	Coefficient de transfert de chaleur	$W.m^{-2}K^{-1}$
h	Hauteur	m
h_{fg}	Chaleur latente	$J.kg^{-1}$
I	Moment quadratique	M^4
I	Courant	A
k	Conductivité thermique	$W.m^{-1}.K^{-1}$
K	Perméabilité	m^{-2}
l ou L	Longueur de référence	M
m	Masse	Kg
$\overset{\circ}{m}$	Débit massique	$kg.s^{-1}$
M	Moment de flexion	N.m
Nu	Nombre de Nusselt	Sd
P	Pression	Pa
P_i	Puissance volumique	$W.m^{-3}$
Po	Nombre de Poiseuille	Sd
Pr	Nombre de Prandtl	Sd
q	Densité de flux	$W.m^{-2}$

Q	Puissance	W
r	Rayon	m
R	Résistance	Ω
R_c	Résistance de contact	$K.m^2.W^{-1}$
Re	Nombre de Reynolds	sd
R_{th}	Résistance thermique	$K.W^{-1}$
R_v	Constante de gaz	$J.kg^{-1}K^{-1}$
S	Surface	m^2
T	Température	℃ ou K
t	Temps	S
u	Vitesse de fluide dans l'axe x	$m.s^{-1}$
v	Vitesse de fluide dans l'axe y	$m.s^{-1}$
V	Tension/potentiel	V
w	Poids	N
W	Energie	J
y	Flèche	M

Symboles grecs

β	Coefficient d'expansion thermique	T^{-1}
φ	Densité de flux	$W.m^{-2}$
ε	Porosité	Sd
ε_p	Constante d'émissivité	Sd
μ	Viscosité dynamique du fluide	$kg.m^{-1}s^{-1}$
ρ	Masse volumique	$kg.m^{-3}$
θ	Angle de mouillage	°
σ	Tension superficielle	$N.m^{-1}$
σ	Constante de Stefan-Bolzman	$W.m^{-2}K^{-4}$

Index

$\propto$	loin de la paroi
ax	axial
b	boîtier
c	contact ou condenseur
cap	capillaire
cd	conduction
cv	convectif
e	évaporateur
eff	effectif
fond b_s	entre le fond du boîtier et le substrat bas
g	gravitationnel
in	inertiel
j	jonction
l	liquide
max	maximal
min	minimal
p	paroi
r	Rayonnement ou Rainure
s	solide
	substrat
SF	source froide
s_p	entre substrat et paroi du boîtier
s_s	entre substrat et substrat
th	thermique
t ou *tot*	total
v	vapeur
vis	visqueux

Introduction générale

Le packaging et la gestion thermique dans les équipements électroniques sont devenus des enjeux importants en raison de l'augmentation des niveaux de puissance et de la miniaturisation des dispositifs. Dans le domaine de l'avionique, la démarche d'intégration devient une condition de survie et de compétitivité. La miniaturisation permet également d'économiser des ressources et d'ouvrir des nouveaux marchés. Si on s'intéresse aux futures contraintes de réduction des coûts et de masse des équipements, des technologies à plus forte densité sont exigées. Avec l'arrivée de packaging plus denses et des fréquences de fonctionnement plus élevées, le coût, la fiabilité et la taille ont été améliorés, mais, malheureusement, la gestion thermique n'a pas suivi suffisamment cette évolution. Par conséquent, il peut être difficile d'employer les dernières technologies disponibles dans le domaine avionique sans être confronté à des problèmes majeurs tels que ceux liés à la gestion thermique.

L'évolution des techniques de packaging est étroitement liée à la constante augmentation de la puissance et de la complexité des circuits électroniques. Dans un premier temps, afin d'augmenter la densité de composants, l'assemblage des composants sur une même carte électronique a été envisagé. Puis l'assemblage des composants dans des modules multi puces (MCM - Multi chip module – structure composée de deux ou plusieurs circuits intégrés reliés électriquement sur une base commune et reliés avec des interconnexions entre eux) a été trouvé. Ces dernières technologies de packaging utilisent seulement deux dimensions. L'étape suivante consista donc en l'empilage de composants dans les trois dimensions afin de développer des modules électroniques tridimensionnels. L'assemblage 3D est très prometteur. En effet, il permet l'augmentation de la densité des composants, la réduction de la taille et du poids des systèmes et l'amélioration de leur fiabilité. Pour ces raisons les circuits imprimés sont remplacés dans certaines applications par des modules 3D empilés, employant tout particulièrement la technologie de MCM.

La tendance de l'industrie électronique de dissiper plus de puissance dans de plus petits modules a créé des défis de gestion thermique croissants. L'industrie électronique doit donc faire face aux problèmes de gestion thermique très contraignants causés par :

➤ L'augmentation de la dissipation thermique à évacuer ;

➤ La densité de composants élevée ;

Du point de vue thermique, l'évolution des techniques de packaging est caractérisée par une augmentation des densités de puissance à gérer à l'intérieur des modules. Il est donc essentiel de développer des systèmes de refroidissement aux performances compatibles avec les puissances mises en jeu. Selon les applications, les contraintes spécifiques et le packaging 3D choisis, des techniques de refroidissement associées doivent être adaptées. Le refroidissement par convection d'air, est une solution insuffisante et même inutilisable dans de nombreux cas. En effet, les densités de flux de chaleur étant très élevées, il devient difficile de refroidir les points chauds. Parmi les différentes méthodes utilisées pour extraire la chaleur, des solutions technologiques, tels que les caloducs, utilisant les transferts thermiques avec changement de phase sont à priori une des solutions les plus intéressantes. Ces derniers permettent la répartition de forte densité de puissance et le transport de flux de chaleur élevés d'une source chaude vers des puits de chaleur où il est plus facile d'augmenter la surface d'échange avec le milieu ambiant.

Pour ces raisons, les caloducs représentent une des solutions les plus prometteuses pour assurer la dissipation et la répartition de la chaleur produite par les équipements électroniques, et ce, même pour le refroidissement des systèmes embarqués dans les avions ou dans les satellites.

Cette thèse se concentre sur la conception et la fabrication des caloducs métalliques miniatures. Ces dispositifs présentent comme caractéristiques principales :

- conductivité thermique équivalente élevée (le flux de chaleur axial élevé induit un faible gradient de température) ;

- passifs (autonomes) sans parties mobiles ;

Contexte de l'étude

Ce travail de recherche a été réalisé dans le cadre du projet européen «Microcooling» dont les partenaires sont : THALES Avionics (France), Alcatel Space (Belgique) et Selex Systemi Integrati (Italie). Notre contribution était en relation directe avec la société THALES.

Le but de ce projet était la réalisation d'un packaging à haute dissipation thermique (50 W). Avec une démarche de miniaturisation et un besoin de modularité et d'interchangeabilité des substrats électroniques, nous avons étudié un boîtier comprenant trois substrats dans lesquels nous prévoyons l'intégration de caloducs plats. Dans cette démarche, deux aspects étant à considérer:

➤ packaging électronique 3D,

➤ refroidissement en utilisant les systèmes passifs - caloducs.

L'assemblage présenté sur la **Figure 1** représente un module 3D avec 3 substrats d'environ 5x5 cm² empilés. Deux côtés de chaque substrat sont employés comme connexions thermiques et les deux autres pour les interconnexions électriques.

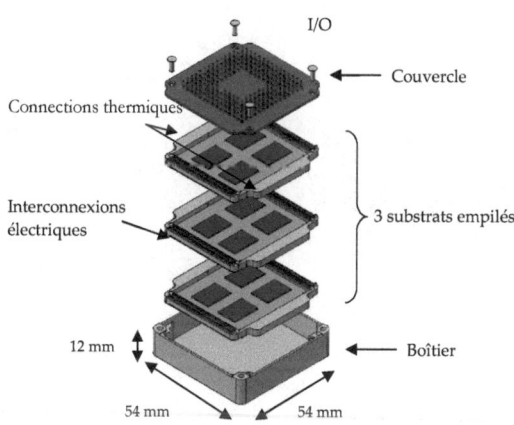

Figure 1 : Présentation du module étudié

Le présent travail est consacré au refroidissement des substrats électroniques et à l'intégration, dans ces derniers, de fonctions thermiques, tels que les caloducs plats, afin d'extraire et d'évacuer les puissances thermiques dissipées dans chacune de ces couches.

Les étapes que nous avons suivies dans ce travail de thèse sont :

➢ L'identification des paramètres principaux pour la conception et l'optimisation des démonstrateurs à caloducs pour une gestion thermique maximale, tout en respectant les conditions spécifiques du packaging.

➢ La modélisation des caloducs intégrés dans les substrats en utilisant des logiciels appropriés.

➢ Le développement de processus de fabrication de prototypes de caloducs adaptés et l'évaluation expérimentale de ces derniers.

➢ Le développement des démonstrateurs complets (caloducs empilés dans le boîtier 3D) et leur évaluation expérimentale pour caractériser leurs performances thermiques et leur apport sous différentes conditions opératoires.

1. Chapitre : La gestion thermique des packagings 3D

1.1. Les packagings 3D

1.1.1. Introduction

Le packaging en électronique est l'art et la science d'établir les interconnexions et l'environnement permettant à des circuits à prédominance électronique de traiter ou de stocker de l'information. Il constitue la protection mécanique des circuits, obtenue grâce à une encapsulation qui assure le conditionnement, les dimensions extérieures et, si nécessaire, la protection électrique, magnétique et climatique. Il participe également aux caractéristiques thermiques de la carte électronique [**MICHARD**].

L'évolution des semi-conducteurs vers des structures de plus en plus fines, condamne les technologies d'encapsulation et d'interconnexion des puces, à progresser. Pour ce faire et répondre aux besoins des nouveaux composants en termes de modularité, de performances et de fonctionnalité, les solutions d'intégration en trois dimensions, associant plusieurs puces dans un même boîtier sont de plus en plus attractives.

L'empilage en trois dimensions des composants est donc une solution innovante qui permet de répondre à ces évolutions. On notera que la tendance à la miniaturisation s'accompagne d'une tendance au développement modulaire.

1.1.2. Avantages et inconvénients

L'électronique, en général, n'utilise pas assez les volumes. En effet, le câblage d'une carte électronique s'effectue dans un plan 2D, occupant une surface importante et peu épaisse, d'où l'idée d'accroître le «facteur de mérite packaging». Une option d'intégration dite « 3D » consiste en l'empilage non seulement des puces elles-mêmes mais également des substrats équipés de plusieurs puces. Deux exemples de packaging 3D sont présentés sur la

Figure 1-1. Ces nouvelles technologies de packaging suivent l'évolution des systèmes électroniques, caractérisées par le niveau toujours croissant de l'intégration et de la complexité. L'assemblage 3D est donc très prometteur en tant que moyen pour accroître la densité (nombre d'opérations dans un volume donné). C'est pourquoi actuellement, différentes architectures 3D sont en cours de développement.

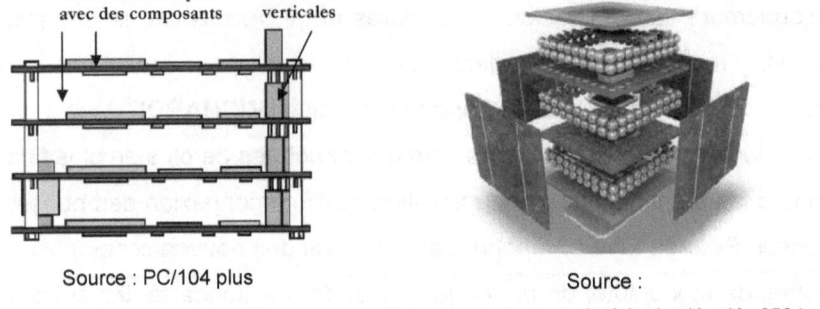

Source : PC/104 plus

Source : http://images.pennnet.com/articles/sst/thm/th_0504europackf0.jpg

Figure 1-1 : Exemples de packaging 3D

Les premiers avantages des packaging 3D par rapport aux technologies de packaging conventionnelles, sont la réduction du volume et poids.

Une comparaison des volumes occupés par le packaging 3D de Texas Instrument et les technologies planaire (MCM) et discrète est effectuée dans le **Tableau 1.1**. L'avantage du packaging 3D est évident ici puisqu'il permet une réduction du volume de 5 à 6 fois en passant de la technologie MCM à la 3D et 10 à 20 fois de la technologie discrète à la 3D [**AL-SARAWI**].

Tableau 1.1 : Comparaison des volumes de mémoire occupés par la technologie 3D de Texas Instrument et les technologies conventionnelles, en cm^3/Gbit

Caractéristiques mémoire		Technologie		
Type	Capacité	Discrète, cm³/Gbit	Planar, cm³/Gbit	3D, cm³/Gbit
SRAM	1 Mbit	1678	783	133
	4 Mbit	872	249	41
DRAM	1 Mbit	1357	441	88
	4 Mbit	608	179	31
	16 Mbit	185	69	69

Un autre avantage du packaging 3D est la réduction de la longueur des interconnexions dans la structure qui a pour principale conséquence une réduction du temps de propagation entre les composants. En effet, le temps requis pour la propagation du signal entre les différents blocs fonctionnels d'un circuit, est fonction des caractéristiques géométriques de la ligne. L'utilisation d'un assemblage 3D permet de réduire les longueurs de connexion (**Figure 1-2**) et par conséquent de réduire les capacités et inductances parasites [**AL-SARAWI**].

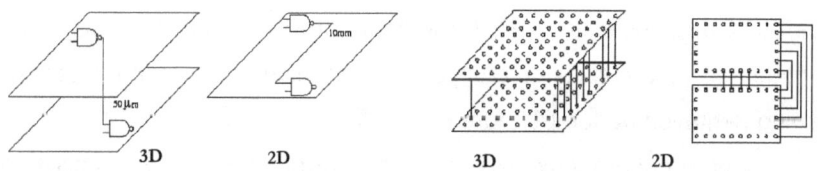

Figure 1-2 : Comparaison entre structures 2D et 3D en termes de longueur et nombre possible d'interconnexions

La réduction des capacités parasites permet en outre de diminuer la consommation d'énergie. En effet, la consommation d'un composant s'exprime par l'**Équation 1.1** et traduit la charge et la décharge d'une capacité **C** (capacité du composant + capacités parasites de câblage) :

$$W = CV^2$$ **Équation 1.1**

Où **V** représente la variation de tension à travers le condensateur.

La puissance consommée est alors :

$$Q = fCV^2$$ **Équation 1.2**

Une diminution de **C** introduit donc une diminution de la puissance dissipée.

Même si les technologies 3D offrent de réels avantages pour les applications électroniques, ils imposent, d'un point de vue thermique, un vrai défi. Il apparaît de plus en plus difficile, avec les techniques thermiques conventionnelles, de garantir un refroidissement adapté, car les modules 3D sont le siège de densités de pertes élevées dans des espaces très confinés.

Les problèmes thermiques demeurent au centre des préoccupations des spécialistes du packaging. La densité de flux thermique dissipée par un circuit intégré peut dépasser 10^6 W/m^2. D'autre part, la performance d'un circuit intégré décroît nettement avec sa température de fonctionnement : un circuit CMOS voit son temps de commutation affecté d'environ 3% si sa température augmente de 10°C. La température de fonctionnement a aussi une influence sur la fiabilité du composant : le taux de défaillance double pour toute augmentation de température de 10 °C.

Ainsi, pour répondre aux exigences de performance et de fiabilité, des architectures spécifiques doivent être développées, basées sur les techniques plus adaptées à ce type de refroidissement. Un compromis entre la performance, la fiabilité et la densité doit être également fait. La complexité et le coût représentent également des limitations aux technologies de packaging 3D.

1.1.3. Exemples de réalisations technologiques

La plupart des concepts de packaging 3D proviennent des Etats-Unis : Irvine Sensor Corporation, Harris Corporation, Texas Instruments, Raytheon, Université de la Californie ... En Europe, ALCATEL et THOMSON ont développé des MCM 3D. La **Figure 1-3** présente un empilement de quatre substrats développé par Fraunhofer IZM. La **Figure 1-4** illustre un exemple présentant une étude effectuée au CEA/LETI qui consiste à superposer des substrats MCM-D équipés chacun de huit puces mémoires. La technologie MCM-D représente une technologie module multi puces en couche mince. Les MCM-D sont réalisés par un dépôt de métaux et de diélectriques en couches minces sur des bases dimensionnellement stables telles que le silicium, le verre ou la céramique. Des composants passifs peuvent être intégrés dans le substrat ou être assemblés sous forme discrète sur le substrat. L'interconnexion verticale entre les substrats s'effectue par perçage de ceux-ci et métallisation des trous [**AL-SARAWI**][**MASSENAT**][**MASSIT**].

Source : Fraunhofer IZM

Figure 1-3 : Empilement de 4 tranches

Module MCM 3D en silicium

Figure 1-4 : Exemple de MCM-D en 3D (CEA/LETI)

Comme nous l'avons vu précédemment, les modules 3D permettent une nette amélioration des performances électriques : augmentation de la densité de composants, augmentation de la fréquence... Il n'en reste pas moins que leur gestion thermique est très difficile car certains composants sont très difficiles à refroidir. Ils peuvent se retrouver au centre du système et sont donc loin du refroidisseur du module. Afin de mieux comprendre quels sont les problèmes thermiques induits par cette intégration, nous allons tout d'abord présenter les différents modes de transfert de chaleur, puis introduire la notion de la résistance thermique. Ensuite, nous étudierons l'assemblage 3D proposé par le projet « Microcooling » en le représentant par un réseau de résistances thermiques. Nous allons, par la suite, nous intéresser aux différentes stratégies d'assemblage. Une étude expérimentale et une modélisation thermique seront menées dans le but d'évaluer le comportement thermique de l'assemblage 3D et plus particulièrement, les différentes résistances thermiques. Puis, nous proposerons une solution visant à gérer les problèmes thermiques induits et à améliorer les conductivités thermiques équivalentes des substrats empilés dans le module. Enfin, nous introduirons le principe des caloducs, solutions prometteuses pour l'amélioration du transfert de la chaleur dans ce type d'assemblage.

1.2. Généralités sur les transferts de chaleur

D'un point de vue physique, le transfert de chaleur trouve son origine dans les écarts de température. Ainsi, un transfert d'énergie sous forme de chaleur sera obtenu chaque fois qu'un gradient de température existera au sein d'un système, du chaud vers le froid. On distingue trois modes de transmission de la chaleur qui sont :

- la convection,
- le rayonnement,
- la conduction.

1.2.1. Transmission de la chaleur par convection

La convection est un processus physique de transmission de la chaleur qui s'appuie sur un milieu matériel avec mouvement de matière. On ne peut donc avoir de convection que dans les fluides. On distingue deux types de convection suivant la cause du mouvement :

- la convection forcée lorsque le mouvement est dû à une action externe,
- la convection naturelle lorsque le mouvement est dû aux variations de masse volumique dans un champ de forces massiques (pesanteur, force centrifuge ...).

Dans le cas d'une paroi ayant une température supérieure à celle de l'ambiant (**Figure 1-5**), la densité de flux perdue par cette paroi est régie par la loi de Newton :

$$\varphi = h_c \left(T_p - T_\infty \right)$$ **Équation 1.3**

Avec :

φ - densité de flux transmise par convection $(W.m^{-2})$;

h_c – coefficient de transfert de chaleur par convection $(W.m^{-2}.K^{-1})$;

T_p – température de surface du solide $(°C)$;

T_∞ - température du fluide loin de la surface du solide $(°C)$;

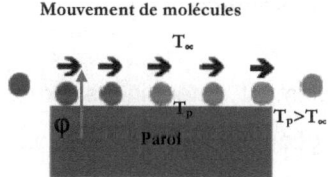

Figure 1-5 : Transfert de chaleur par convection

Le coefficient h_c est difficile à déterminer car il dépend des propriétés physiques du fluide et des caractéristiques de l'écoulement. La détermination du coefficient h_c passe par le calcul du nombre de Nusselt **Nu.**

En convection forcée, le nombre de Nusselt est déterminé à partir des nombres de Reynolds et de Prandtl (**Nu=f(Re, Pr)**) tandis qu'en convection naturelle, il est plutôt calculé avec les nombres de Grashof et de Prandtl (**Nu=(Gr,Pr)**).

Ces nombres, sans dimensions, sont définis par :

$Nu = \dfrac{h_c L}{k}$	Nombre de Nusselt	**Équation 1.4**
$Re = \dfrac{\rho u L}{\mu}$	Nombre de Reynolds	**Équation 1.5**
$Pr = \dfrac{c_p \mu}{k}$	Nombre de Prandtl	**Équation 1.6**
$Gr = \dfrac{\beta g \Delta T \rho^2 L^3}{\mu^2}$	Nombre de Grashof	**Équation 1.7**

Avec

c_p – chaleur massique (J.kg^{-1}.K^{-1}),

k –conductivité thermique (W.m^{-1}.K^{-1}),

L – une grandeur caractéristique du système (m),

u – la vitesse de fluide (m.s^{-1}) ,

β - Coefficient d'expansion thermique (1/T),

μ - viscosité dynamique (kg.m^{-1}.s^{-1}),

ρ –masse volumique (kg.m^{-3}),

ΔT – la différence de température (T_p-T_∞).

Ces relations, généralement déterminées expérimentalement, dépendent de la configuration géométrique et des conditions expérimentales (température, orientation…).

Par exemple, pour l'air en convection naturelle, le coefficient d'échange h_c est compris, généralement, entre 4 et 6 W.m^{-2}.K^{-1} et en convection forcée, lorsque les vitesses d'écoulement sont de l'ordre de quelques mètres par secondes, le coefficient d'échange est compris entre 200 et 1000 W.m^{-2}.K^{-1}.

1.2.2. Transmission de la chaleur par rayonnement

Tout corps à température différente de 0 K émet de l'énergie, sous forme d'un rayonnement d'ondes électromagnétiques, et ce d'autant plus que sa température est élevée. Inversement, soumis à un rayonnement, il en absorbe une partie. Le rayonnement est un processus physique de transmission de la chaleur sans support matériel.

Quand un corps opaque à température T_1 est entouré d'un milieu à température T_2 ($T_1 > T_2$) comme le montre la **Figure 1-6**, le flux rayonné par le corps est:

$$\varphi_1 = \varepsilon_p \sigma T_1^4$$
Équation 1.8

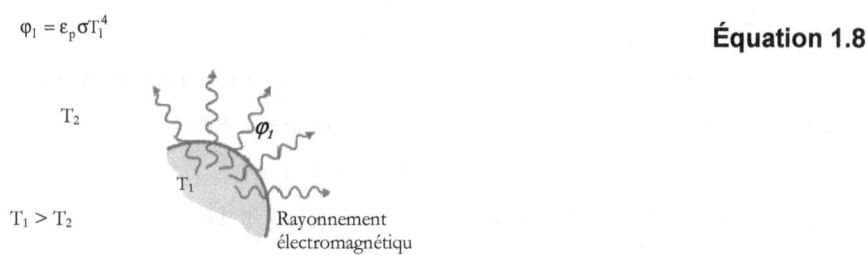

Figure 1-6 : Transfert de chaleur par rayonnement

Le flux absorbé par le corps est égal à :

$$\varphi_2 = \varepsilon_p \sigma T_2^4$$
Équation 1.9

La puissance totale échangée entre le corps et le milieu récepteur est alors:

$$\varphi = \varphi_1 - \varphi_2 = \varepsilon_p \sigma (T_1^4 - T_2^4)$$
Équation 1.10

Avec :

ε_p - constante d'émissivité. Elle est comprise entre 0 et 1 et dépend de la nature de la surface,

σ - constante de Stefan-Bolzman ($W.m^{-2}.K^{-4}$),

S - aire de la surface (m^2),

T_1 - température de la surface émettrice (K),

25

T_2 - température du milieu récepteur (K).

On peut en déduire un coefficient d'échange par rayonnement h_r :

$$h_r = \frac{\varphi}{\Delta T} = \sigma\varepsilon_p \frac{T_1^4 - T_2^4}{T_1 - T_2} = \sigma\varepsilon_p (T_1 + T_2)(T_1^2 + T_2^2)$$ **Équation 1.11**

Dans les applications électroniques, ce coefficient est typiquement compris entre 0,5 et 10 $Wm^{-2}K^{-4}$.

1.2.3. Transmission de la chaleur par conduction

1.2.3.1. Définition

La conduction est un processus physique de transmission de la chaleur qui s'appuie sur un milieu matériel (solide, liquide, gaz), sans mouvement de matière, lié à des phénomènes à l'échelle microscopique (vibrations atomiques ou moléculaires, diffusion électronique,...). La conduction est le seul mécanisme qui permet à la chaleur d'être transmise au sein d'un solide opaque.

La **Figure 1-7** montre l'exemple de conduction dans un mur plan d'épaisseur **e**.

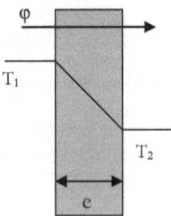

Figure 1-7 : Conduction dans une couche élémentaire de mur plan

La théorie de la conduction repose sur l'hypothèse de Fourier : la densité de flux est proportionnelle au gradient de température:

$$\vec{\varphi} = -k \, \overrightarrow{grad}T$$ **Équation 1.12**

26

ou sous forme algébrique en une dimension:

$$\varphi = -k \frac{\partial T}{\partial x}$$ **Équation 1.13**

avec **k** le coefficient de conductivité thermique du milieu de transmission (en W.m^{-1}.K^{-1}).

Dans le cas général, le problème de conduction consiste à résoudre l'équation de diffusion de la chaleur :

$$\nabla(k\nabla T) + P_i = \rho c_p \frac{\partial T}{\partial t}$$ **Équation 1.14**

où ρ est la masse volumique du corps (kg.m^{-3}), **P_i** la puissance volumique (W.m^{-3}), **c_p** la chaleur spécifique (J.kg^{-1}.K^{-1}) et **t** le temps (s).

1.2.3.2. Notion de résistance thermique

Pour simplifier les problèmes de conduction de la chaleur, une analogie peut être faite avec la conduction électrique (**Figure 8**). Les équivalents thermiques des paramètres électriques, comme la différence de potentiel et le courant (**Équation 1.15**), sont respectivement la différence de température et le flux de chaleur. Comme pour la résistance électrique, la résistance thermique d'un élément exprime sa résistance au passage d'un flux (ici, le flux de chaleur) (**Équation 1.16**):

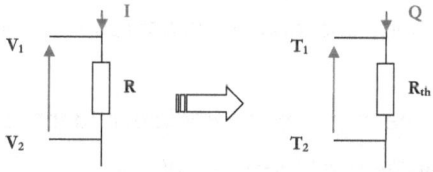

Figure 8 : Analogie entre résistance électrique et résistance thermique

$$V_1 - V_2 = RI \Rightarrow R = \frac{V_1 - V_2}{I}$$ **Équation 1.15**

$$R_{th} = \frac{T_1 - T_2}{Q}$$ **Équation 1.16**

A. Exemple 1D

Les éléments de puissance (diodes, transistors, thyristors) sont généralement montés sur des refroidisseurs, qui favorisent l'évacuation des calories produites. Le schéma classique d'un composant monté sur un refroidisseur est représenté sur la **Figure 1-9** :

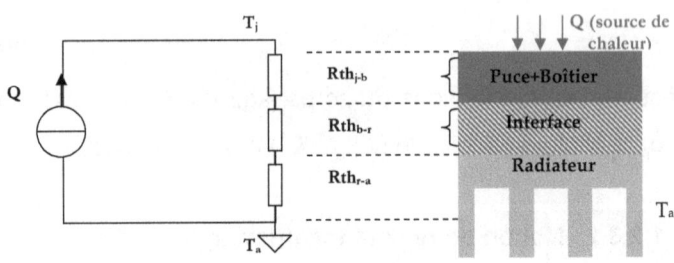

Figure 1-9 : Résistance thermique jonction-ambiant d'un assemblage classique boîtier-refroidisseur

Nous voyons que les différences de température jouent le rôle des tensions et le flux thermique joue le rôle du courant. T_j est la température de la puce et T_a la température ambiante. La résistance thermique de l'ensemble (jonction-ambiant) est la somme des résistances thermiques :

Rth_{j-b} : résistance thermique jonction/boîtier (donnée par le constructeur du composant),

Rth_{b-r} : résistance thermique boîtier/radiateur (dépend des conditions de montage), situé à l'interface boîtier-radiateur,

Rth_{r-a} : résistance thermique radiateur/air (fournie par le constructeur du radiateur), qui dépend de la taille et du type de refroidisseur (simple plaque, refroidisseur à ailettes), de sa couleur (noire, argentée), de sa position (horizontale, verticale) et de son mode de refroidissement (convection naturelle ou forcée, circulation d'eau ...).

B. Cas particuliers

Dans le cas d'un mur plan d'épaisseur **e** et de section **S** (**Figure 1-7**), la résistance thermique est proportionnelle à la longueur du matériau, et inversement proportionnelle à sa section et à sa conductivité thermique :

$$R_{th\,cd} = \frac{e}{kS}$$ Conduction (cas particulier 1D)   **Équation 1.17**

On peut aussi faire intervenir la notion de résistance thermique équivalente aux phénomènes de convection et rayonnement :

$$R_{th\,cv} = \frac{1}{h_c S}$$ Convection   **Équation 1.18**

$$R_{th\,r} = \frac{1}{h_r S}$$ Rayonnement   **Équation 1.19**

Dans les cas convectif et de rayonnement, la résistance thermique dépend du coefficient d'échange, ainsi que de la surface. On peut donc définir un coefficient d'échange total, égal à :

$$h = h_c + h_r$$ **Équation 1.20**

Lorsque deux matériaux sont en contact, du fait de leurs rugosités et des défauts de planéité de leurs surfaces, le contact ne s'effectue jamais sur toute la surface apparente, mais seulement en certaines zones de surface très faibles. La résistance due à ces défauts s'appelle « résistance thermique de contact ».

1.2.3.3. Résistance thermique de contact

L'expérience montre que le transfert de chaleur, à travers la surface de contact de deux corps non soudés, s'accompagne d'une discontinuité du champ de température au niveau de contact, proportionnelle à la densité de flux (**Figure 10**).

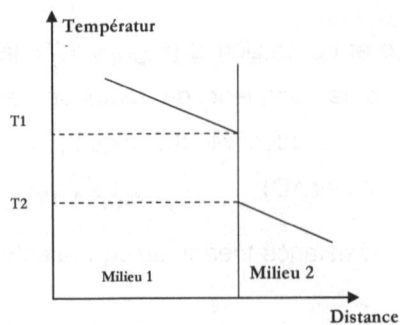

Figure 10 : Contact imparfait entre deux corps

Comme nous venons de le dire, à l'interface de deux solides appliqués l'un contre l'autre, le contact réel n'est effectif qu'en certains points qui ne représentent qu'une fraction très faible de la surface apparente. Pour le reste de la surface, il existe un espace occupé par de l'air, ou un autre fluide, dont la conductivité thermique peut être beaucoup plus faible (0,025 - 0,031 W.m^{-1}.K^{-1} pour l'air) que celle des solides en présence. Cette zone d'espace interstitiel constitue un frein au transfert de chaleur. Il en résulte une constriction des lignes de flux qui est responsable de la résistance thermique de contact. Le champ de température se trouve donc considérablement perturbé dans la région localisée de part et d'autres de l'interface (**Figure 1-11a**). [BOUTONNET][FERAL]

La résistance de contact est le rapport entre l'écart de température et la densité de flux thermique au niveau de l'interface. Elle est mesurée en K.m^2.W^{-1}.

$$R_c = \frac{\Delta T}{\varphi}$$

Équation 1.21

Pour améliorer le couplage thermique entre deux corps, on peut agir soit sur la résistance de contact, soit sur la surface d'échange. La surface d'échange dépend de la force de serrage. Sous la pression, les aspérités des surfaces se réduisent et la surface d'échange augmente. En conséquence, la conductance apparente s'améliore.

Une autre solution est l'insertion d'un matériau de meilleure conductivité thermique que l'air. Ce matériau d'interface thermique (graisse thermique, colle ...) permet le remplissage des interstices entre les surfaces (**Figure 1-11**).

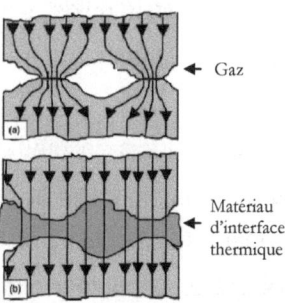

Gaz

Matériau
d'interface
thermique

Figure 1-11 : Contact entre deux solides
a) l'interstice rempli avec de l'air **b)** l'interstice rempli avec un matériau
d'interface thermique

La conductivité thermique de la graisse ($\approx$0,7 W/mK) vaut approximativement 25 fois celle de l'air stagnant (0,025 - 0,031 $W.m^{-1}.K^{-1}$). L'utilisation appropriée de la graisse thermique comble les interstices microscopiques en améliorant la conduction métal - métal par conduction dans la graisse. [**BALOG**]

Les documentations techniques des composants semi-conducteurs indiquent, en général, des valeurs typiques de résistance de contact boîtier-radiateur, ainsi que la valeur des forces de serrage recommandées.

Exemple : pour les composants à boîtier-disque, les résistances thermiques surfaciques de contact sont de l'ordre de $0,2.10^{-4}$ $K.m^2.W^{-1}$, avec des pressions de l'ordre de 10^7 Pa. Pour des modules avec des surfaces apparentes de contact de 40 à 80 cm^2, on obtient des valeurs de 1 à 2.10^{-4} $K.m^2.W^{-1}$, avec des pressions de contact beaucoup plus faibles. [**LECLERCQ-1**]

1.2.4. Changement d'état

Dans la nature, un même corps peut se trouver sous plusieurs états (phases) en fonction de la température et de la pression. Le point pour lequel il y a équilibre entre les différents états (liquide, solide et gazeux) s'appelle le point triple *t* (**Figure 1-12**). Lorsque la température et la pression évoluent, ce corps peut changer d'état.

Les échanges de chaleur sont parfois accompagnés d'un tel changement d'état. En particulier, nous verrons, lors de la présentation des différents travaux effectués pour le projet « Microcooling », que les caloducs sont des dispositifs permettant de transférer la chaleur entre deux zones grâce à un cycle d'évaporation et de condensation. Ainsi, afin de mieux comprendre par la suite leur fonctionnement, nous allons présenter les notions de chaleur latente et de pression de saturation.

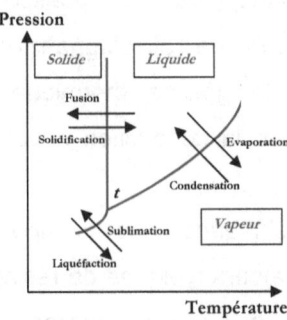

Figure 1-12 : Point triple

1.2.4.1. Chaleur latente

Tout changement de phase est accompagné d'un échange de chaleur. En particulier, l'évaporation nécessite un apport d'énergie alors que la condensation en libère. L'énergie absorbée ou dégagée par un kilogramme d'un corps lors d'un changement de phase est appelée chaleur "latente". La chaleur "latente" est à différencier de la chaleur "sensible" qui représente la chaleur qui provoque le changement de température d'un corps dans un état donné.

Lorsque, dans des conditions données de pression, on apporte un flux de chaleur suffisant à un liquide, sa température augmente jusqu'à la température d'ébullition, puis une partie de plus en plus grande passe à l'état gazeux, la température restant sensiblement constante. Ce phénomène est réversible et, lors de la condensation (retour à l'état liquide), cette quantité de chaleur est restituée. La température d'ébullition étant une fonction croissante de la pression, dans les systèmes à volume constant, la pression et la température croissent simultanément au fur et à mesure que le liquide se transforme en vapeur. [**INTERNET-1**] [**INTERNET-5**] [**LECLERCQ-2**]

1.2.4.2. Pression de saturation

Lorsqu'on fait subir à un gaz une compression isotherme, l'expérience montre qu'il y a un début de condensation à partir d'une certaine pression (**Figure 1-13**). La masse de fluide sous forme liquide augmente alors que la pression reste constante. La vapeur est alors en équilibre avec le liquide et elle est dite saturante. La pression correspondante P_v est appelée pression de vapeur saturante ou pression de saturation. On constate qu'à partir d'un certain volume, toute la masse du fluide se trouve sous forme liquide. Toujours en poursuivant la compression, on observe alors que le volume varie très peu alors que la pression augmente considérablement. Ce phénomène est complètement réversible [**FRELIN**].

En conclusion, lorsqu'un liquide est en équilibre thermodynamique avec sa vapeur (en l'absence de tout autre fluide), la pression du fluide ne dépend que de sa température. Une modification isotherme, même importante, du volume de l'enceinte contenant le fluide ne modifiera donc pas la pression.

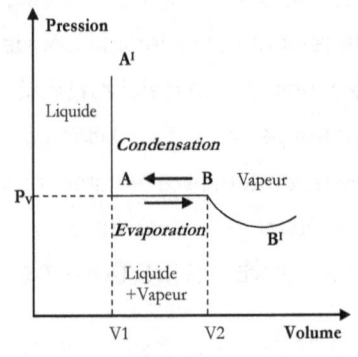

Figure 1-13 : Évolution isotherme d'un fluide

1.3. Etude du comportement thermique d'un assemblage 3D

1.3.1. Préliminaire

L'assemblage 3D étudié (programme « Microcooling ») peut être représenté par une résistance thermique totale qui dépend des diverses résistances thermiques présentes (de conduction, de contact) dans le module entier. L'objectif de cette partie est d'effectuer une étude de sensibilité afin d'étudier l'influence relative des différentes résistances thermiques internes au module 3D. En particulier, nous allons tenter d'estimer la valeur des résistances de contact et de montrer quel est leur influence sur le fonctionnement du module 3D. D'autre part, nous montrerons également que la nature du substrat est également importante.

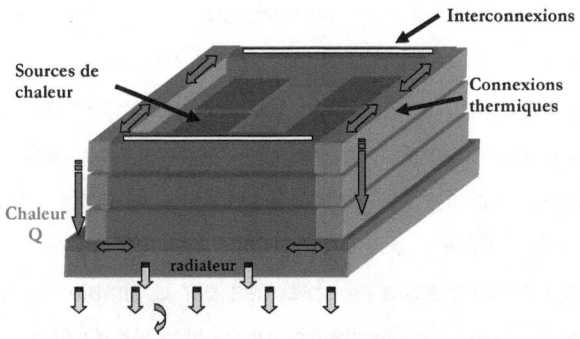

Figure 1-14 : Schéma du chemin thermique de
l'assemblage 3D

Nous faisons face à un problème complexe car nous ne savons pas comment le flux de chaleur se repartit dans le boîtier 3D considéré (**Figure 1-14**). Cette répartition dépend des conductivités thermiques des différents matériaux utilisés et des résistances de contact aux interfaces entre les matériaux. Nous sommes donc obligés de reprendre le module dans sa globalité en étudiant le boîtier 3D complet. Le boîtier complet doit être modélisé en tenant compte de la complexité du chemin thermique. La part du flux thermique qui s'écoule à travers chaque substrat n'est pas mesurable expérimentalement, nous ne pouvons donc pas calculer analytiquement les diverses résistances thermiques dans le boîtier. La démarche que nous avons utilisé afin d'avoir une idée des phénomènes à l'intérieur du boîtier, est basée sur le couplage expérimentation – modélisation. Nous avons donc réalisé un démonstrateur et mesuré expérimentalement des températures à certains endroits précis à l'aide de thermocouples. Tout d'abord, nous nous sommes intéressés aux températures des parois extérieures du boîtier afin de déterminer les conditions aux limites en vue d'une modélisation. Ensuite, nous avons mesuré plus particulièrement les températures du module aux niveaux des contacts de certaines interfaces. Nous avons réalisé un modèle tridimensionnel du boîtier avec le logiciel FLOTHERM de façon à reproduire le plus parfaitement possible la géométrie du boîtier réel. Les conditions aux limites ayant été déterminées expérimentalement et appliquées au modèle, nous avons fait varier les résistances de contact (R_c) afin de réaliser une étude paramétrique. Pour cette étude nous avons paramétré chaque résistance de contact de façon à ce que leur variation soit comprise entre des valeurs typiques extrêmes ($1.10^{-5} - 5.10^{-3}$ K.m^2.W^{-1}). De cette manière nous avons cherché à faire coïncider les températures mesurées expérimentalement aux températures obtenues par la simulation de façon à estimer les valeurs des résistances thermiques entre les différents contacts. La solution a été unique. Le modèle 3D réalisé sous FLOTHERM nous a permis également d'étudier l'influence des différents matériaux au sein du module. La synoptique de la démarche est représentée à la **Figure 1-15.**

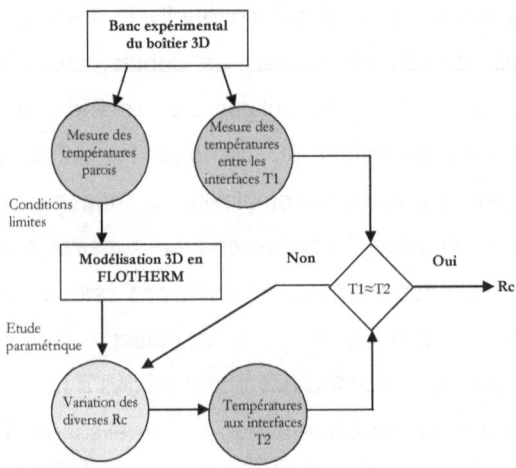

Figure 1-15 : Organigramme de la procédure d'évaluation des diverses résistances de contact

1.3.2. Mise en œuvre expérimentale

Les boîtiers 3D utilisés pour les expérimentations sont des prototypes de tests. Ils ne sont pas représentatifs du fonctionnement réel de l'application finale car ils ne contiennent pas les céramiques pour l'isolation électrique ni les interconnexions électriques. Les prototypes des boîtiers fabriqués pour les expérimentations ont été réalisés pour quantifier les résistances thermiques de contact. Nous avons également étudié l'influence de la conductivité thermique des substrats.

Nous avons donc fabriqué des boîtiers avec des substrats empilés simplifiés en cuivre et en aluminium. Afin de ne pas alourdir la présentation des résultats, nous présenterons particulièrement les expérimentations effectuées le module en cuivre. Le dispositif est représenté sur la **Figure 1-16**. Trois substrats en cuivre sont empilés dans le boîtier métallique également en cuivre. Un couvercle en époxy (FR4), qui sert à assurer le passage des fils d'alimentation et exerce en même temps une force de pression sur les substrats, est vissé sur le module. Le module est, lui, vissé à une plaque à circulation forcée d'eau à température donnée. Le flux thermique est généré par des composants dissipatifs (transistors bipolaires) brasés au centre de chaque substrat. Le volume d'air entre le composant et le substrat au-dessus est limité, ainsi l'effet de la convection naturelle est limité. Des thermocouples ont été utilisés pour faire des mesures de températures dans le module. L'équipement de mesure avec les dispositions des thermocouples est représenté ci-dessous :

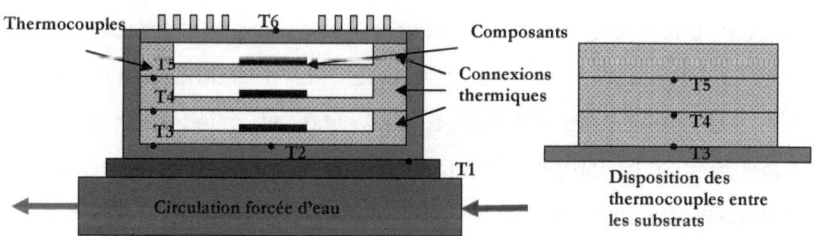

Figure 1-16 : Banc d'essais : Coupe du module 3D avec disposition des thermocouples

Six thermocouples (*T1* à *T6*) sont situés à proximité des contacts des surfaces à étudier. *T1* est fixé entre le boîtier et la source froide, *T2* et *T3* entre le substrat intérieur et le fond du boîtier (l'un au milieu et l'autre sur le côté, aux niveaux du composant chauffant et de la connexion thermique). Nous avons également placé deux thermocouples (*T4* et *T5*) entre les interfaces des trois substrats et un autre sur le couvercle (*T6*). Le nombre de thermocouple est restreint à cause de la difficulté de sortir les fils (si l'on tient compte aussi des fils d'alimentation des composants). Les thermocouples entre les substrats sont installés seulement au niveau des connexions thermiques, car même si le module est en 3D, en réalité le chemin thermique s'effectue majoritairement en 2D (y, z) à cause de la forme des substrats. La chaleur passe par les connexions thermiques, elle ne peut pas descendre vers le substrat suivant via les côtés prévus pour les interconnexions électriques à cause des ouvertures (**Figure 1-17**).

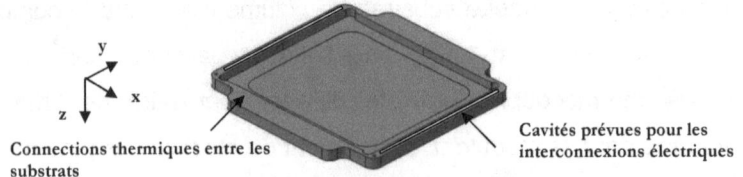

Figure 1-17 : Présentation d'un substrat du module

L'objectif des tests effectués était de mesurer les températures aux différents points du module pour évaluer les résistances thermiques de contact, les coefficients d'échange convectifs et, avec ces données, de modéliser ensuite le comportement thermique du module. [**BARDON**]

Les essais effectués consistent en des tests de référence (sans matériaux d'interface thermique) et en des tests avec différents matériaux d'interface thermique. La force de serrage était toujours la même. Nous avons effectué les mêmes essais avec le module en aluminium, dans le but d'étudier l'influence de la conductivité thermique des substrats.

1.3.3. Résultats expérimentaux

Un essai de référence sans matériau d'interface thermique a d'abord été réalisé. Nous avons appliqué 10 W par substrat (soit au total de 30 W). Les composants utilisés étaient des transistors bipolaires. La température de l'eau de la source froide était de 37°C. Les mesure s ont été faites en régime permanent (**Tableau 1.2**).

Tableau 1.2 : Indication des thermocouples (test de référence)

T1 - Face arrière boîtier	T2 – Fond boîtier centre	T3 – Fond boîtier de côté	T4 – Entre les substrats bas-milieu	T5 – Entre les substrats milieu-haut	T6 – Couvercle
39,5 °C	42,6 °C	45,3 °C	54,4 °C	60,4 °C	52,2 °C

Pendant les essais suivants, nous avons essayé d'évaluer l'effet des résistances thermiques de contact présentes. Pour cela, nous avons inséré des matériaux d'interface thermique différents au niveau des zones de contact entre les différents éléments (**Figure 1-18**).

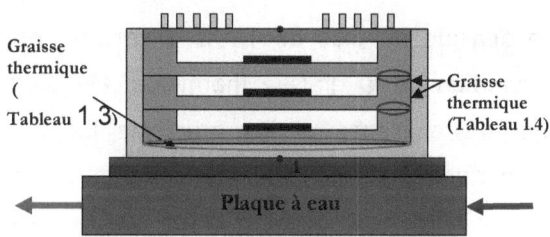

Figure 1-18 : Localisation de la graisse thermique

Une fine couche de graisse thermique a tout d'abord été ajoutée entre le fond du boîtier et le substrat inférieur. Comme prévu, cela a entraîné une diminution de la résistance de contact et donc une baisse des températures baissent légèrement (
Tableau 1.3).

Tableau 1.3 : Indication des thermocouples (graisse silicone entre le boîtier et le substrat inférieur)

T1 - Face arrière boîtier	T2 – Fond boîtier centre	T3 – Fond boîtier de côté	T4 – Entre les substrats bas-milieu	T5 – Entre les substrats milieu-haut	T6 – Couvercle
37,7 ℃	44,5 ℃	42,5 ℃	49,3 ℃	58,6 ℃	53,5 ℃

Ensuite, nous avons mis de la graisse thermique silicone également entre les substrats au niveau des connections thermiques (Tableau 1.4).

Tableau 1.4 : Indication des thermocouples (graisse silicone entre les substrats)

T1 - Face arrière boîtier	T2 – Fond boîtier centre	T3 – Fond boîtier de côté	T4 – Entre les substrats bas-milieu	T5 – Entre les substrats milieu-haut	T6 – Couvercle
38 ℃	44,5 ℃	42 ℃	48,8 ℃	49,8 ℃	47 ℃

La température diminue de plus de 10 ℃ à certains endroits dans le prototype avec l'insertion de la graisse thermique. On en déduit que les surfaces sont loin d'être planes et les gradients thermiques dans les interfaces sont importants. La diminution importante de température au niveau du thermocouple *T5* s'explique par le fait que la surface de contact entre deux substrats est faible. [POPOVA-1]

40

Des tests avec d'autres Matériaux d'Interface Thermique (MIT), tels que Acofab et Bergquist ont aussi été effectués. Ces matériaux sont assez épais et les températures ont par conséquent augmenté par rapport au test sans MIT. Les résultats obtenus ne seront donc pas décrits ici.

Par la suite, nous avons souhaité effectuer des essais avec des puissances plus élevées. Les composants utilisés ne pouvaient pas assurer cela car leur résistance thermique de jonction était trop importante. Les tests suivants ont donc été effectués avec d'autres sources de chaleur - des résistances surfaciques chauffantes (MINCO) (**Figure 1-19**). Au centre de ces résistances chauffantes, des thermocouples réalisés en fils fins (diamètre < 0,1 mm) étaient intégrés. Ceci nous a permis de mesurer également les températures directement au niveau des sources de chaleur. Ces sources chaudes avaient une résistance de jonction plus faible et nous ont permis d'appliquer plus de puissance (50 W) pour la même température de la source froide.

Résistance surfacique avec thermocouple

Source froide

Figure 1-19 : Banc d'essais - Boîtier 3D avec 3 substrats en cuivre monté sur la source froide

La puissance totale appliquée était de 51 W (17 W par substrat). Les tests ont été effectués avec trois températures différentes de la source froide T_{SF} (40 °C, 50 °C et 55 °C). Ces températures correspon dent aux températures qui peuvent être rencontrées dans les applications avioniques.

Les résultats des tests effectués sont présentés dans l'**Annexe 1**. La figure suivante présente les températures mesurées au niveau du composant avec et sans matériaux d'interface thermique pour une température de la source froide de 40 ℃:

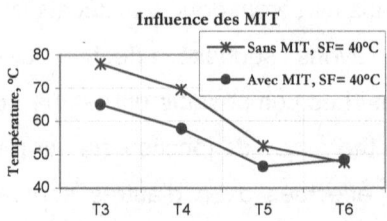

Figure 1-20 : Etude des résistances de contact pour T_{SF}=40℃ et Q_{TOT}=51W

Les températures mesurées sont influencées par le gradient de température qui résulte des interfaces internes. Lorsque le contact est mauvais, le gradient de température aux interfaces sera élevé conditionnant des plus hautes températures pour le boîtier.

Un second banc d'essai, en aluminium, a été réalisé afin d'étudier d'une manière plus complète les phénomènes décrits. Ce second montage nous a également permis de valider l'importance de l'influence des contacts sur les gradients de températures entre les interfaces. Les températures maximales des composants étaient plus élevées dans ce deuxième module, ce qui est dû à la conductivité thermique plus faible de l'aluminium.

Les résultats des essais ont montré que les résistances thermiques de contact entre les interfaces dans le module 3D affectent d'une manière très significative les performances thermiques du système. Le boîtier en cuivre est plus intéressant sur le plan thermique non seulement du fait que sa conductivité thermique est plus élevée, mais également pour son coefficient de dilatation plus faible qui permet de mieux ajuster l'assemblage et donc réduire la résistance de contact.

1.3.4. Estimation des résistances thermiques de contact

1.3.4.1. Estimation des coefficients d'échange extérieurs au module

A partir des essais expérimentaux et en connaissant les températures au niveau du couvercle et des différentes parois du module étudié, nous pouvons calculer analytiquement les coefficients d'échange convectifs et de rayonnement. Ces valeurs seront utilisées pour la modélisation thermique.

Nous avons positionné deux thermocouples supplémentaires sur les parois du boîtier (**Figure 1-21**). Ces valeurs nous ont permis de calculer les coefficients d'échange convectifs sur les parois et le couvercle, qui seront utilisés par la suite pour les simulations thermiques et nous supposons que les températures de parois sont uniformes.

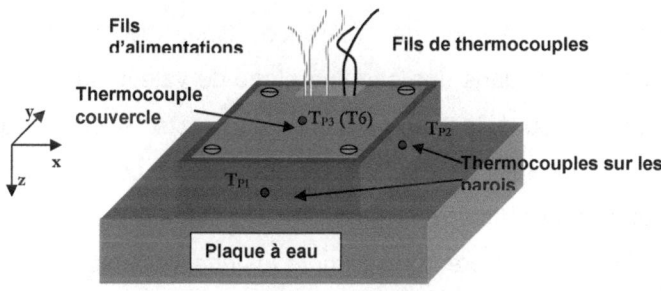

Figure 1-21 : Disposition des thermocouples supplémentaires sur les parois de l'assemblage

Pour une puissance dissipée par le boîtier de 51 W (3x17 W) et des températures ambiante et de source froide respectivement de 24 ℃ et 40 ℃, en régime permanent, les températures T_{P1}, T_{P2} et T_{P3} (**T6** de la **Figure 1-16**) valaient respectivement 41,4 ℃, 61,2 ℃ et 60,4 ℃ (les parois étaient peintes en noir afin de diminuer l'émissivité [**INTERNET-3**]). Avec ces valeurs nous avons d'abord calculé les coefficients d'échange convectifs : $h_{C1}=9,5$ W.m^{-2}.K^{-1}, $h_{C2}=11,4$ W.m^{-2}.K^{-1} et $h_{C3}=3,6$ W.m^{-2}.K^{-1}. Concernant les coefficients de rayonnement, nous les avons trouvé égaux à : $h_{R1}=5,8$ W.m^{-2}.K^{-1}, $h_{R2}=6,44$ W.m^{-2}.K^{-1} et $h_{R3}=6,4$ W.m^{-2}.K^{-1}. Le coefficient d'échange équivalent au niveau du radiateur, calculé à partir de la vitesse d'écoulement du fluide, a été estimé approximativement à 400 W.m^{-2}.K^{-1}.

1.3.4.2. Estimation des valeurs des résistances de contact à l'aide de FLOTHERM

Les températures expérimentales ne permettent pas de calculer directement les résistances de contact car la répartition du flux qui s'écoule réellement dans le module n'est pas connue.

Afin de quantifier ces résistances entre les différentes interfaces dans le boîtier 3D, nous avons modélisé ce dernier à l'aide de logiciel FLOTHERM. Les températures mesurées expérimentalement par les différents thermocouples nous servent de référence. Nous avons fait varier les résistances de contact dans une certaine plage de valeurs jusqu'au moment où nous avons retrouvé les températures des tests. A ces températures correspondaient certaines valeurs de résistances de contact. Nous avons obtenu une unicité de solution.

Le logiciel FLOTHERM prend en compte les effets couplés de conduction, convection et rayonnement. La géométrie a été définie en créant graphiquement des blocs représentant des solides et leur attribuant des propriétés physiques, soit en utilisant les bases de données de logiciel, soit en définissant des nouvelles propriétés. Des sources de chaleur, des résistances de contact, des écoulements de liquide et des coefficients de convection imposés sont ajoutés aux solides, permettant de représenter avec précision les conditions aux limites réelles. Les coefficients d'échange convectifs et de rayonnement calculés précédemment, ont été appliqués sur les différentes faces du boîtier.

Le maillage est créé par le logiciel selon certaines spécifications qui peuvent être modifiées. Toutes les données connues, telles la géométrie et certains paramètres physiques, sont intégrées au modèle.

Les conditions opératoires sont données dans le **Tableau 1.5.**

Tableau 1.5 : Conditions de fonctionnement du modèle

Température ambiante	27℃
Température de la source froide	40℃, 50℃ ou bien 55 ℃
Flux dissipé	51 W

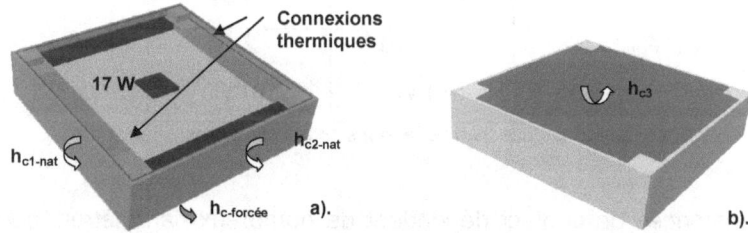

Figure 1-22 : Géométrie modélisée avec FLOTHERM a). Représentation de l'intérieur b). Module fermé

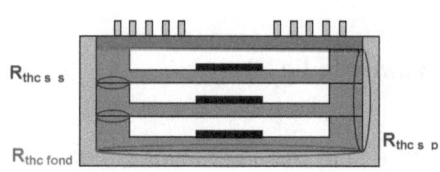

Figure 1-23 : Résistances de contact estimées

Les résistances thermiques de contact que nous avons pu estimé avec FLOTHERM à partir des températures mesurées expérimentalement sont la résistance de contact entre les substrats empilés $R_{thc\ s\_s}$, la résistance entre le substrat inférieur et le fond du boîtier R_{thc}

_{fond b_s} et celle entre les substrats et les parois verticales $R_{thc \, s\_p}$.

Les valeurs des résistances de contact obtenues sont représentées dans le **Tableau 1.6** :

Tableau 1.6 : Valeurs des résistances de contact pour les 2 modules étudiés

	Module en Cu– sans MIT*	Module en Cu–avec MIT*
$R_{thc \, fond \, b\_s}$	1.10^{-3} Km^2W^{-1}	3.10^{-4} Km^2W^{-1}
$R_{thc \, s\_s}$	4.10^{-4} Km^2W^{-1}	$1,25.10^{-4}$ Km^2W^{-1}
$R_{thc \, s\_p}$	$1,5.10^{-3}$ Km^2W^{-1}	2.10^{-4} Km^2W^{-1}

* Matériaux d'interface thermique (dans notre cas - graisse thermique)

Les résistances de contact dépendent de nombreux paramètres, comme l'état de surface par exemple, et ne seront pas forcément identiques pour un autre boîtier. Ces valeurs nous serviront par la suite quand même comme valeurs de référence pour modéliser le boîtier complet.

1.4. Présentation d'une nouvelle géométrie (le H)

Les résultats expérimentaux ont montré que les interactions thermiques entre les substrats et plus spécialement les résistances de contact affectent de manière significative le comportement thermique du module 3D empilé. Ainsi, une solution doit être proposée afin d'améliorer et d'éliminer les diverses interfaces dans le système 3D empilé. Le cahier des charges du projet européen impose les dimensions externes et la puissance totale de 50 W. Pour toutes ces raisons, nous proposons une solution alternative qui nous permettra d'éliminer certaines des résistances de contact en gardant les mêmes dimensions externes. Elle consiste à combiner deux substrats comme l'illustre la **Figure 1-24** et ainsi en obtenir un seul – en double face et en double épaisseur. Elle nous permettra d'éliminer la résistance de contact entre les deux substrats. Nous appelons ce nouvel élément : ***substrat en H***.

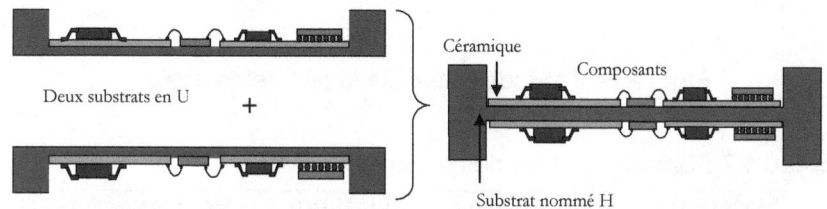

Figure 1-24 : Substrat en H (double épaisseur, double face)

La possibilité d'intégration dans le même boîtier d'un substrat double face et d'un substrat simple face a été ensuite considéré. Nous avons étudié les trois configurations possibles afin d'évaluer l'intérêt de ce nouveau substrat.

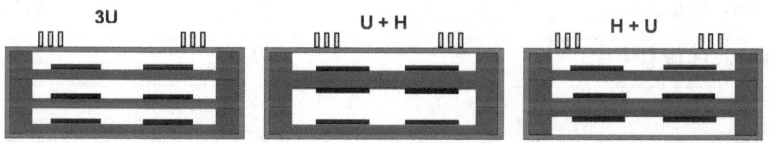

Figure 1-25 : Les trois assemblages possibles

Nous avons modélisé le boîtier avec tous les matériaux intermédiaires entre les composants et les substrats qui seront présents dans le démonstrateur final (**Figure 1-26 a)**). Chaque tranche empilée est modélisée comme le montre la **Figure 1-26 b).** La puissance à évacuer par le substrat

(16,6 W) est répartie sur plusieurs puces. Les caractéristiques physiques des matériaux sont données dans le **Tableau 1.7**.

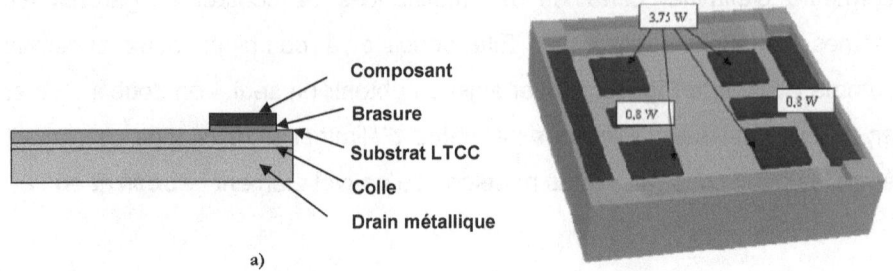

a)

Figure 1-26 : Modélisation de la géométrie finale

Tableau 1.7 : Caractéristiques des matériaux

Matériau	Conductivité thermique en W.(m^{-1}.K^{-1})	Epaisseur (m)
Cuivre	385	0,9.10^{-3}/1,8.10^{-3}
Aluminium	200	0,9.10^{-3}/1,8.10^{-3}
Colle	1,9	0,1.10^{-3}
Substrat LTCC	3	0,5.10^{-3}
Brasure	38	0,1.10^{-3}
Composant (Si)	117	1.10^{-3}
Couvercle (FR4)	0,3	2.10^{-3}

Sur la face arrière du module, nous avons appliqué un coefficient d'échange égal à 400 W/m^{2}K qui correspond aux performances obtenues sur le banc expérimental. La puissance appliquée est de 50 W pour le module entier (16,6 W par couche). Sur la **Figure 1-28** nous présentons la distribution de la température à l'intérieur du module étudié dans le cas de trois substrats métalliques en U et dans les cas du même boîtier avec un simple substrat et un double substrat (U+H et H+U). Nous représentons l'évolution de la température le long d'une ligne traversant une des puces et perpendiculaire à cette dernière (**Figure 1-27**) pour observer le profil de la température à travers toutes les interfaces présentes.

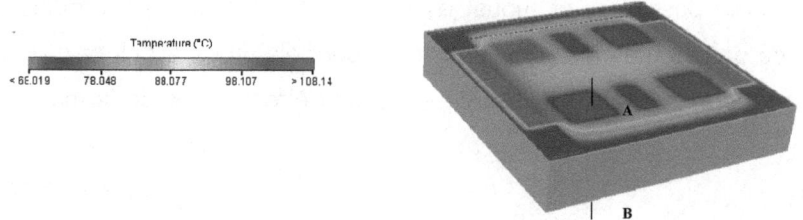

Figure 1-27 : Distribution de température au sein du module étudié (trois substrats métalliques empilés)

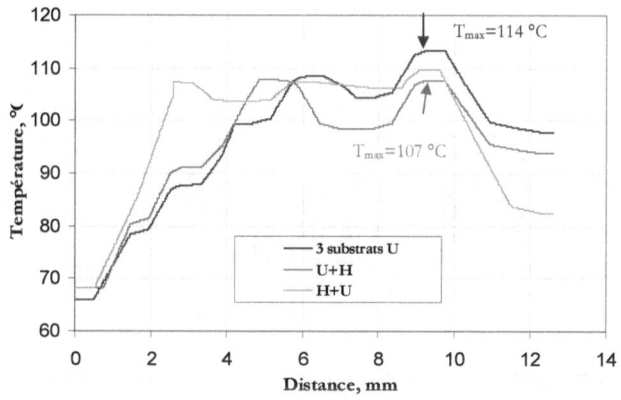

Figure 1-28 : Profil de température dans trois assemblages différents (droite A - B)

La température maximale pour la configuration U+H est plus faible de 7℃ par rapport aux trois substrats U car elle permet de diminuer l'effet des résistances de contact. Il est important de noter que le substrat H doit se trouver au-dessus du substrat U (U+H). Dans le cas contraire (H+U), comme la surface de contact avec le fond du boîtier, où est appliqué le

49

refroidissement, est très faible, une élévation plus importante de températures apparaîtrait.

Nous avons analysé les résultats de simulation obtenus pour les 3 configurations possibles et nous avons pu estimer les performances thermiques dans toutes les configurations. Pour cela, nous avons calculé la résistance thermique totale du système qui peut être estimée de la manière suivante :

$$R_{thtot} = \frac{T_{max} - T_{SF}}{Q_{TOT}}$$ **Équation 1.22**

T_{max} représente ici la température maximale apparue dans le module (au niveau des composants) en simulation, **T_{SF}** est la température de la face arrière du boîtier et **Q_{TOT}** correspond à la puissance totale appliquée au module qui vaut 50 W.

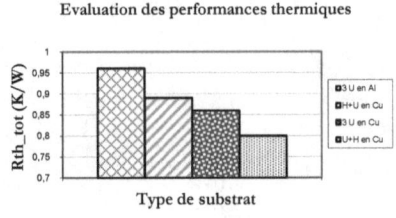

Figure 1-29 : Comparaison des différentes stratégies d'assemblage

Le diagramme ci-dessus compare les différentes possibilités d'assemblage et nous voyons que la configuration U+H (un substrat simple face et un substrat double face) montre les meilleures performances thermiques. Nous avons également modélisé la possibilité d'assemblage de trois substrats en aluminium (intéressant pour nos applications pour sa légèreté, même si sa conductivité thermique est plus faible). Nous pouvons estimer l'efficacité de cette configuration (U+H en cuivre) par rapport à trois substrats empilés en aluminium.

$$\%(U+H)_{Cu} = \frac{R_{th\_3Al\_substr} - R_{th\_U+H}}{R_{th\_3Al\_substr}} \times 100 \qquad \textbf{Équation 1.23}$$

L'avantage de la configuration U+H contre 3 substrats en aluminium est de 16%. Cette configuration a donc été retenue pour l'empilement final.

En résumé, dans cette partie, nous avons présenté les packagings 3D et leurs problèmes thermiques induits. Nous avons introduit le contexte de notre travail, qui consistait à étudier un module électronique empilé particulier. Nous avons effectué des tests de sensibilité thermique qui nous ont permis d'évaluer sur quel point notre étude devait le plus se concentrer pour améliorer le comportement thermique du dispositif. Nous avons démontré l'influence significative des résistances de contact sur le gradient thermique de l'assemblage, ce qui nous a conduit à imaginer un nouveau substrat en H. Les résultats présentés dans ce chapitre ont montré également que l'influence du matériau du substrat n'est pas négligeable. Nous allons donc maintenant envisager l'utilisation de substrats avec une meilleure conductivité thermique. Pour améliorer la conductivité thermique, une des solutions est l'utilisation de substrats avec caloducs intégrés. [**SARNO**] En conséquence, le paragraphe suivant est consacré à la présentation des caloducs et à leurs caractéristiques principales.

1.5. Apport des caloducs miniatures

1.5.1. Principe de fonctionnement des caloducs

De nombreuses solutions sont disponibles pour gérer les problèmes thermiques. Les refroidisseurs le plus souvent utilisés dans le domaine de l'électronique sont les radiateurs à air, les boucles à eau et les caloducs. Les deux premiers types ont des limitations liées à la nécessité d'utiliser des pompes ou des ventilateurs et ils ne permettent pas toujours d'assurer un refroidissement à l'intérieur d'un assemblage. Les caloducs sont devenus des outils de gestion thermique traditionnels dans beaucoup d'applications. Ils permettent d'évacuer la chaleur des endroits difficilement accessibles et de la transférer vers une zone pouvant être plus facilement refroidie. [**SCHULZ-HARDER**]

Comme son nom l'indique, le caloduc est un dispositif servant à transporter la chaleur. Le fonctionnement des caloducs, repose sur des principes physiques assez simples. Il s'agit d'un cycle thermodynamique en boucle fermé avec des échanges de chaleur par changements de phase (**paragraphe 1.2.4**), permettant d'obtenir des gradients de température faibles par rapport aux puissances échangées.

Le caloduc est une enveloppe hermétiquement fermée dont les parois internes sont recouvertes par un réseau capillaire et qui renferme un liquide en équilibre avec sa propre vapeur. Dans le cas le plus commun, une source chaude et une source froide sont placées aux deux extrémités du caloduc ; on appelle ces zones respectivement évaporateur et condenseur. La zone entre les deux, s'appelle zone adiabatique. Les échanges de chaleur entre les deux extrémités s'effectuent par évaporation, transfert de vapeur, condensation et retour du liquide caloporteur par capillarité le long des parois du dispositif.

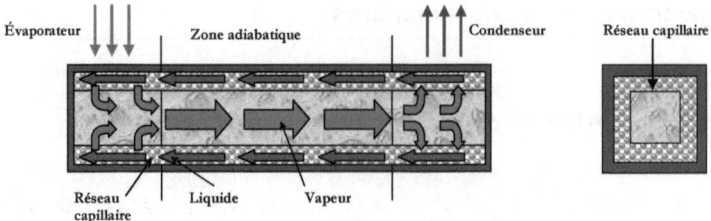

Figure 1-30 : Principe de fonctionnement d'un caloduc

Puisque le fluide caloporteur, typiquement de l'eau pour les applications électroniques, est le seul composant dynamique dans le caloduc et qu'il y a présence de vapeur et de liquide, la pression à l'intérieur du caloduc est égale à la pression de saturation. Quand la chaleur entre dans l'évaporateur, l'équilibre est modifié, produisant de la vapeur à pression et à température légèrement plus élevées. La pression plus élevée entraîne la vapeur vers le condensateur où la température légèrement plus basse fait condenser la vapeur en libérant sa chaleur latente. Le fluide condensé est alors pompé de nouveau vers l'évaporateur par les forces capillaires créées par le réseau poreux. Ce cycle continu peut transférer de grandes quantités de chaleur avec des faibles gradients thermiques. Avec un réseau capillaire adapté, le caloduc peut fonctionner dans toutes les positions.

1.5.2. Notion de pression capillaire

L'interface liquide-vapeur est soumise à l'action des forces de tension superficielle et des forces de pression. Il en résulte une différence de pression entre le condenseur et l'évaporateur. Le déplacement du liquide est dû à ces gradients de pression dans le caloduc. La différence de pression, entre la vapeur et le liquide, est appelée pression capillaire P_{cap}. L'interface liquide-vapeur forme un ménisque en surface du réseau capillaire. La forme de ce ménisque, due à l'action des forces de tension superficielle, est à l'origine de la différence de pression capillaire entre phases liquide et vapeur donnée par l'équation de Laplace-Young :

$$P_{cap} = P_v - P_l = \sigma \left(\frac{1}{R_1} + \frac{1}{R_2} \right)$$ **Équation 1.24**

R_1 et R_2 sont les rayons de courbure principaux de l'interface liquide-vapeur dans les directions x et y (**Figure 1-31**) et σ est la tension superficielle du liquide.

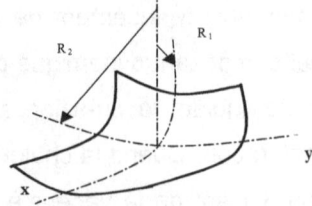

Figure 1-31 : Géométrie du ménisque de l'interface liquide vapeur

En moyennant l'effet des deux rayons de courbure, la pression capillaire peut être représentée de la manière suivante :

$$P_{cap} = \frac{2\sigma}{r_c}$$
Équation 1.25

De ce fait à partir des **Équation 1.24** et **Équation 1.25**, nous obtenons :

$$\frac{2\sigma}{r_c} = \sigma \left(\frac{1}{R_1} + \frac{1}{R_2} \right) \Rightarrow r_c = \frac{2R_1R_2}{R_1 + R_2}$$
Équation 1.26

1.5.3. Réseaux capillaires

Le retour du fluide jusqu'à l'évaporateur d'un caloduc s'effectue grâce au réseau capillaire. Les performances du caloduc (chaleur maximale transférable, fonctionnement sous différents angles ...) sont donc très dépendantes de celui-ci. Les réseaux capillaires peuvent avoir différentes formes et dimensions. Le dimensionnement du réseau capillaire déterminera les performances limites du caloduc. Trois paramètres importants sont attachés au réseau capillaire :

- La perméabilité **K** reliée à la perte de pression du liquide circulant dans le réseau capillaire,

- La porosité ε représentant le rapport du volume de liquide saturant le réseau au volume total du réseau,

- Le rayon de pore effectif r_{cap} du capillaire.

Les structures les plus courantes sont constituées de matériaux frittés, de mèches métalliques fines ou de petites rainures usinées dans la paroi interne du caloduc (**Figure 1-32**).

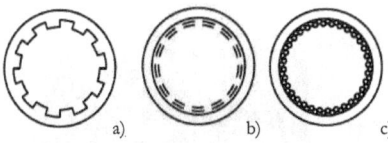

Figure 1-32 : Différents types de réseau capillaire – a) rainures b) mèche c) poudre métallique frittée

Les structures capillaires de faible perméabilité mais à grande capacité de pompage capillaire (poudre frittée) sont fiables et performantes face à des puissances relativement faibles. En revanche, les structures capillaires de forte perméabilité et de capacité de pompage capillaire plus faible (rainure, mèche) sont plus sensibles à l'inclinaison du caloduc. [**SARNO**]

Les réseaux capillaires constitués de poudre métallique frittée ont de petits rayons de pore et une perméabilité relativement basse. L'avantage de ces structures capillaires est la pression capillaire élevée et l'orientation multidirectionnelle possible du caloduc lors du fonctionnement. Ce revêtement peut être performant en limitant les pertes de charge liquide grâce à différentes granulométries de la poudre. Au niveau thermique, le réseau capillaire fritté est également intéressant. Le procédé de frittage assure un bon contact entre la paroi et le réseau capillaire. En effet, sous l'effet de la chaleur, les matériaux diffusent les uns dans les autres et les billes de poudre se lient de façon relativement solide. [**AVENAS-1**][**IVANOVA-2**]

Les rainures, de leur côté, assurent également un bon échange thermique entre la paroi du caloduc et le réseau capillaire, mais la réalisation de rainures très fines est parfois très délicate. Dans le cas de mèches, l'échange thermique est en général moins bon à cause de la difficulté de souder les mèches aux parois. [**PETERSON-2**]

Le réseau capillaire fritté a été retenu pour nos applications. Sur la figure suivante est illustré un exemple de réseau capillaire fritté en bronze :

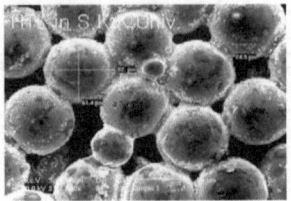

Réf. HTL (Heat Transfer Lab) [**INTERNET - 2**]

Figure 1-33 : Réseau capillaire à poudre de bronze frittée de diamètre 60 µm

1.5.4. Limites de fonctionnement

Pour un gradient de température donné, les caloducs peuvent transférer sensiblement plus de chaleur que les meilleurs conducteurs métalliques. Cependant, quand ils sont utilisés au delà de leur capacité, la conductivité thermique efficace du caloduc peut être singulièrement réduite. Beaucoup de paramètres interviennent dans le fonctionnement d'un caloduc – les propriétés du fluide, les propriétés du solide qui sert de paroi, la géométrie du système, ainsi que les conditions de fonctionnement, comme la température de la source froide et la puissance imposée par la source chaude. Selon les conditions de fonctionnement imposées, le caloduc peut atteindre une de ses limites de fonctionnement. Elles dépendent en général de la température et correspondent à un flux thermique au-delà duquel le système ne fonctionne plus comme un caloduc, ce qui se traduit par une augmentation de la température de paroi de l'évaporateur. Les capacités maximum de transport de chaleur d'un caloduc sont gouvernées par plusieurs facteurs limitants (qui sont fonction de la température de fonctionnement du caloduc) : limites visqueuse, sonique, capillaire, d'entraînement et d'ébullition (**Figure 1-34**).

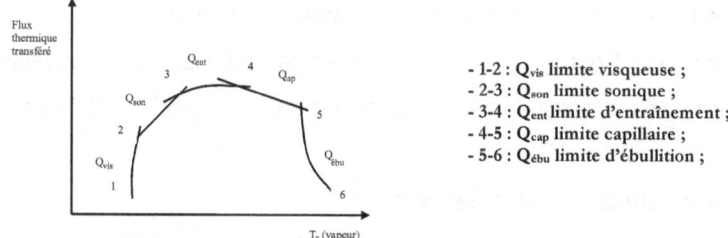

Figure 1-34 : Courbes limites de fonctionnement du caloduc

1.5.4.1. Les limites visqueuse et sonique

Les limites visqueuse et sonique sont dues à l'écoulement de la phase vapeur du caloduc. Les pertes de pression peuvent être décomposées en deux termes :

- ΔP_{vis} qui est dû aux pertes visqueuses et qui a pour origine le frottement visqueux,

- ΔP_{in} qui est dû aux pertes inertielles et qui devient important pour des grandes vitesses.

$$\Delta P_v = \Delta P_{vis} + \Delta P_{in}$$

Équation 1.27

ΔP_{vis} est à l'origine de la limite visqueuse et ΔP_{in} est à l'origine de la limite sonique.

La limite visqueuse se rencontre pour des caloducs fonctionnant à une température correspondant à une pression de saturation du fluide interne extrêmement basse. Les pertes de charge visqueuses sont dominantes au sein de l'écoulement vapeur car la pression au niveau de l'évaporateur n'est pas suffisante pour permettre à la vapeur de vaincre les frottements visqueux au cours de son écoulement jusqu'au condenseur.

La limite sonique apparaît lorsque la pression de la vapeur dans le caloduc est très faible. Son origine est due à la chute de pression inertielle consécutive à l'écoulement de la vapeur dans le caloduc. En effet, la très faible densité de la vapeur due à la faible pression dans le caloduc conduit à des vitesses de vapeur proches de la vitesse sonique. Il s'en suit une chute importante de la température axiale dans le caloduc. Dans ces conditions, il y a des changements brusques et importants de température et de pression, entraînant une non-uniformité de la température dans le caloduc. [**BRICARD**]

1.5.4.2. Limite d'entraînement

Lorsque l'interaction entre la phase liquide et la phase vapeur, circulant en contre-courant, est importante, il peut se produire des fluctuations spatiales et temporelles de l'interface conduisant à un entraînement de la phase liquide par la phase vapeur vers le condenseur. Une partie du liquide ne parvient plus à l'évaporateur et ne participe plus au transfert de chaleur par vaporisation. Ceci provoque une limitation des capacités de transfert de chaleur du caloduc et une élévation de la température de la paroi de l'évaporateur.

1.5.4.3. Limite d'ébullition

La limite d'ébullition a pour origine la naissance de bulles de vapeur au sein du réseau capillaire lorsque la densité de flux thermique radial à l'évaporateur devient trop importante. Ces bulles de vapeur détruisent l'interface liquide-vapeur avec des turbulences locales et nuisent ainsi gravement au pompage capillaire. Le retour du liquide à l'évaporateur n'est plus assuré et il y a assèchement de la paroi.

1.5.4.4. Limite capillaire

La limite capillaire est atteinte lorsque le pompage capillaire n'est plus suffisant pour assurer le retour du liquide de la zone de condensation vers la zone d'évaporation. Pour assurer le bon fonctionnement du caloduc, il faut que la somme des chutes de pression en phase liquide et en phase vapeur soit inférieure à la pression motrice capillaire maximale (**Figure 1-35**). La condition générale de fonctionnement d'un caloduc s'exprime en régime permanent par la relation suivante :

$$P_{cap,max} \geq \Delta P_l + \Delta P_v + \Delta P_g$$

Équation 1.28

ΔP_g ΔP_g est la pression due à la gravitation et *ΔP_l* ΔP_l et *ΔP_v* ΔP_v sont respectivement les différences de pression vapeur et de pression liquide entre le point sec et le point mouillé. Le point sec est le point pour lequel le ménisque a le rayon minimum de courbure. Il se produit habituellement à l'évaporateur au point le plus loin du condensateur (*x_{min}* x_{min} sur la **Figure 1-35**). Le point mouillé est lui, au contraire, le point pour lequel le ménisque a le rayon maximum de courbure et ainsi les pressions de vapeur et de liquide sont approximativement égales. Ce point apparaît typiquement au niveau du condensateur au plus loin de l'évaporateur (*x_{max}* x_{max} sur la **Figure 1-35**).

Les positions relatives des points sec et mouillé sont montrées sur la **Figure 1-35**. Cette figure illustre une représentation simplifiée de variation de la pression dans le caloduc.

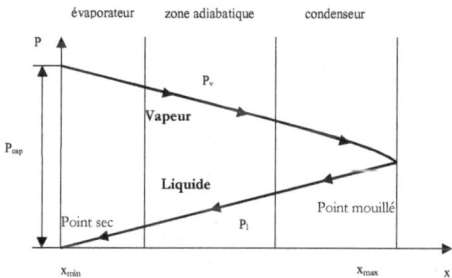

Figure 1-35 : Diagramme des pressions vapeur et liquide dans un caloduc

Lorsque la somme des pertes de pression liquide et vapeur dans le caloduc (différences de pression entre le point sec et le point mouillé) devient égale à la pression motrice capillaire maximale, la limite capillaire est atteinte. En effet, si la puissance dissipée par le composant à refroidir est trop

59

importante, le caloduc se bloque par assèchement du réseau capillaire à l'évaporateur, le réseau capillaire n'assure pas le retour du liquide depuis le condenseur.

La limite capillaire est une des limites les plus importantes qui détermine le fonctionnement et l'efficacité d'un caloduc miniature.

1.5.5. Modélisation thermique par un réseau de résistances thermiques

La caractérisation thermique d'un caloduc est assez compliquée en raison des nombreux phénomènes physiques qui y ont lieu. Le problème thermique peut être simplifié en définissant des zones dans le caloduc et en négligeant les couplages entre elles. Le transfert de chaleur peut être représenté de manière simplifiée à l'aide de résistances thermiques.

Le déplacement de la vapeur, caractérisé par une résistance thermique, peut être déduit de la relation de Clausius-Clapeyron reliant la température à la pression dans le cas d'un équilibre liquide-vapeur. Cette résistance peut être calculée par :

$$\text{Rth}_{\text{vapeur}} = \frac{R_v T_v^2 \Delta P_v}{Q h_{fg} P_v}$$
Équation 1.29

où R_v – constante de gaz (J.kg^{-1}.K^{-1}) ;

T_v – température de la vapeur (K) ;

ΔP_v - différence de pression vapeur (Pa) ;

Q – flux de chaleur (W) ;

h_{fg} – chaleur latente de vaporisation (J.kg^{-1}) ;

Cette résistance peut être souvent également négligée du fait du faible gradient de température au niveau de la phase vapeur. [**DUNN**]

Les résistances thermiques non négligeables seront celles situées dans le liquide et la paroi, au condensateur et à l'évaporateur. [**PANDRAUD**]

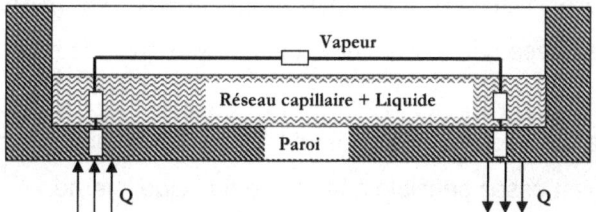

Figure 1-36 : Représentation du caloduc par un réseau de résistances

La résistance thermique des parois résulte d'un calcul de simple conduction en connaissant la géométrie du dispositif. La résistance du réseau capillaire est, quant à elle, plus difficile à déterminer. Plusieurs types de transferts thermiques sont présents – transfert conductif dans le réseau capillaire, transfert convectif dû au déplacement du fluide dans le réseau capillaire... La vitesse du fluide étant faible, nous pouvons simplifier le problème et nous intéresser seulement à celui de la conduction. Dans ce cas, nous devons connaître la conductivité équivalente du réseau capillaire. Dans la littérature ([**CHI**][**FAGHRI**]), nous pouvons trouver des données concernant différents types de réseau capillaire. Les résistances thermiques des réseaux capillaires sont exprimées à partir des conductivités thermiques effectives de ces derniers. Les conductivités thermiques effectives des réseaux capillaires frittés sont souvent modélisées à partir de formules analytiques simples qui tiennent en compte la porosité du matériau fritté et les conductivités thermiques du matériau constituant le réseau capillaire et du liquide (supposant que le réseau capillaire est saturé de liquide). [**ALEXANDER**] exprime la valeur de la résistance thermique équivalente, pour un réseau capillaire à poudre frittée, de la manière suivante :

$$k_{eff} = k_l \left(\frac{k_s}{k_l} \right)^{(1-\varepsilon)^{0.53}}$$ **Équation 1.30**

Avec k_l la conductivité thermique du liquide, k_s la conductivité thermique du solide et ε la porosité du réseau capillaire.

Sur la **Figure 1-36** ne sont pas représentées les résistances de changement de phase car ce dernier est si efficace que ces résistances sont négligeables.

La résistance thermique totale dépend très peu de la longueur du caloduc; par contre, elle est assez sensible à la nature du fluide interne.

1.5.6. Choix du fluide caloporteur et du matériau enveloppe

1.5.6.1. Fluide caloporteur

Le choix du fluide est une étape très importante dans la détermination d'un type de caloduc adapté à une application donnée. Ce choix est conditionné d'abord par la gamme de température de travail du caloduc, de la nature de la paroi et ensuite par le niveau des performances souhaitées. Dans le tableau suivant sont présentées des caractéristiques physiques de différents fluides de fonctionnement :

Tableau 1.8 : Propriétés physiques de certains fluides

Liquide	Tension de surface $*10^{-2}$ (N/m)	Pression vapeur (bar)	Chaleur latente (kJ/kg)	Conductivité thermique (W/mK)	Viscosité liquide/vap. (kg/m-s)	Temp. de saturation (°C)
Ammoniac	0,5	8,88	699	0,212	0,11/0,016	-33,5
Méthanol	1,56	3,8	1000	0,198	0,23/0,0121	64
Eau	5,89	1,01	2258	0,680	0,28/0,0127	100

L'eau est le fluide le plus utilisé pour le refroidissement des applications électroniques commerciales. Cela peut être expliqué par le fait que sa température de fonctionnement se situe entre 30 °C et 100 °C. L'eau possède également une tension de surface élevée qui produit des pressions de pompage élevées. Ensuite, sa pression de vapeur saturante est beaucoup plus faible que celle d'autres fluides, comme les alcools, ce qui évite des problèmes de résistance mécanique de l'enveloppe. De cette manière on réduit sensiblement la nécessité d'un caloduc à parois épaisses.

1.5.6.2. Choix du matériau enveloppe

La nature du matériau enveloppe d'un caloduc est conditionnée par la nature du fluide interne que l'on a préalablement choisi. En effet, aucune réaction chimique ne peut être tolérée entre le fluide et son enveloppe car les gaz dégagés par cette réaction, même en très faible quantité, conduiraient irrémédiablement au blocage du fonctionnement du caloduc. Il est également impératif de s'assurer que le matériau, dans l'épaisseur choisie, résiste bien à la pression interne qui peut être importante. On prendra garde, en particulier, au risque de surchauffe qui peut conduire à des surpressions accidentelles importantes. La conductivité thermique et le poids du matériau enveloppe font aussi partie des critères de choix [**BRICARD**].

1.5.7. Bilan

Les études bibliographiques effectuées nous ont montré que les caloducs à poudre métallique frittée peuvent assurer un pompage capillaire élevé et fonctionnent mieux contre la gravité, ce qui est un avantage pour notre application. Nous avons donc décidé de nous intéresser plus particulièrement à ce type de caloduc et, en plus, d'étudier les caloducs plats car ils peuvent être plus facilement intégrés dans les substrats constituant notre module. L'intégration des caloducs permettra d'avoir des substrats à conductivité thermique équivalente plus élevée et favorisera de cette façon la diminution des points chauds. L'eau a été choisie comme fluide caloporteur (appropriée pour l'application choisie) et le cuivre pour l'enveloppe du caloduc (compatible avec le fluide caloporteur et le réseau capillaire).

L'épaisseur d'un substrat dans le packaging 3D étudié est très faible (de 0,9 mm) et il n'est donc pas très simple d'intégrer un caloduc à l'intérieur. Ceci veut dire que, dans moins d'un millimètre, nous devons prévoir des épaisseurs pour le réseau capillaire, pour l'espace vapeur et pour les parois du caloduc. Les parois du caloduc doivent résister à la différence de pression entre l'intérieur et l'extérieur du caloduc et aux gradients de température. En même temps, les résultats expérimentaux ont montré (**paragraphe 1.3.**) que les interactions thermiques entre les substrats et plus spécifiquement les résistances thermiques de contact affectent de manière significative le comportement thermique du module 3D empilé. Ainsi, l'intégration des caloducs dans les substrats doit être faite en améliorant les performances thermiques des diverses interfaces dans le système 3D empilé. Pour cette raison, l'idée d'introduire un substrat mieux adapté, en H (double face - double épaisseur), semble avantageuse également pour l'intégration des caloducs car l'épaisseur totale du caloduc devient 1,8 mm (**Figure 1-37**).

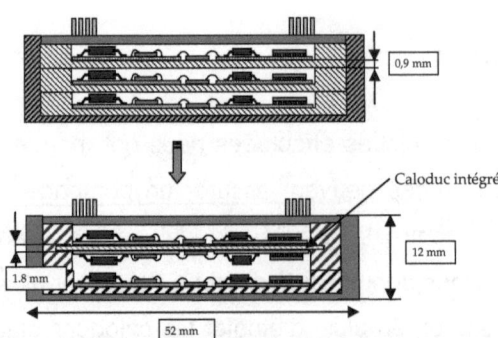

Figure 1-37 : Possibilité d'intégration du caloduc dans le substrat en H

Nous prévoyons en conséquence l'intégration d'un caloduc dans le substrat double face (**Figure 1-38**). Cette solution représente un vrai défi car l'épaisseur de 1,8 mm reste très faible. La géométrie interne du caloduc sera étudiée en détails dans le second chapitre.

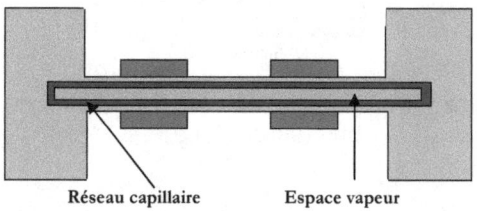

Figure 1-38 : Substrat double face (nommé substrat en H) avec caloduc intégré

Dans notre étude nous allons nous intéresser seulement au cas du substrat en H équipé d'un caloduc. Nous n'étudierons pas le substrat simple face car nous avons estimé qu'il n'était pas adapté à l'intégration d'un caloduc. Tout d'abord, ce substrat est deux fois plus fin que le substrat en H et technologiquement, l'intégration d'un caloduc serait assez compliquée. Nous n'aurons pas assez de place pour le réseau capillaire et l'espace vapeur. De plus, le substrat simple face équipé d'un caloduc n'aurait pas un fonctionnement optimal. Il est prévu d'être situé au fond du boîtier 3D (**Figure 1-37**) et toute sa surface arrière serait refroidie. Dans ce cas, il n'y aurait pas un mouvement axial du liquide et de la vapeur comme dans le cas du substrat en H (refroidissement sur les côtés) parce que les processus de condensation et d'évaporation s'effectueront sur l'axe transversal (**Figure 1-39**). Un simple morceau en cuivre est plus efficace et permet d'économiser la fabrication d'un tel caloduc [**LEFEVRE**].

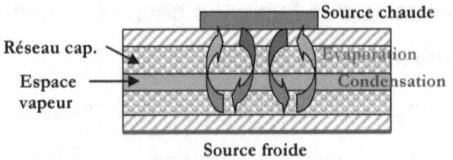

Figure 1-39 : Fonctionnement du substrat en bas (simple face)

1.6. Conclusion

Les premiers travaux effectués ont permis d'étudier l'influence des différentes résistances thermiques dans le module 3D proposé dans le programme « Microcooling ». Les contributions relatives de ces résistances thermiques ont été estimées et une étude de sensibilité a été réalisée à l'aide de modules expérimentaux. La résistance thermique totale dépend significativement des résistances thermiques de contact et de la conductivité des substrats.

Les expérimentations décrites dans ce chapitre ont montré que les résistances thermiques de contact entre les différents substrats et le boîtier affectent sensiblement le comportement thermique du module. Une solution pour éliminer certaines d'elles a été proposée : le substrat en H.

L'autre aspect est lié aux résistances thermiques dues à la conduction (des substrats). En effet, celles-ci seront plus faibles si les substrats ont une conductivité thermique équivalente plus élevée. Pour réduire au minimum les résistances thermiques des substrats, ces derniers peuvent être équipés de caloducs intégrés.

D'après les études bibliographiques effectuées [6] sur les méthodes de refroidissement existantes, les caloducs ont été choisis pour améliorer la conductivité du substrat.

Dans le chapitre suivant nous allons proposer plusieurs solutions d'intégration de caloducs dans le substrat en H. Nous verrons également différents outils nous permettant de modéliser leur fonctionnement.

2. Chapitre : Etude et dimensionnement des caloducs

Le développement d'un caloduc demande de faire des compromis entre plusieurs paramètres (épaisseurs respectives du réseau capillaire, de l'espace vapeur et des parois du caloduc), pour obtenir non seulement un caloduc qui fonctionne mais aussi pour atteindre les meilleures performances thermiques possibles. Les limitations des technologies de fabrication doivent être prises en compte ce qui amène également à faire certains compromis. En effet, une conception optimisée est seulement valable si sa réalisation est possible. Plus la taille des caloducs diminue, plus le choix des paramètres de conception devient critique [MA][WANG]. Dans ce chapitre nous allons nous intéresser à différents phénomènes physiques qui conditionnent pour beaucoup les performances des caloducs : les échanges thermiques, l'écoulement du fluide et enfin, la déformation des parois due aux différences de pression entre l'intérieur et l'extérieur du dispositif.

2.1. Choix de la technologie de réalisation des caloducs

2.1.1. Cahier des charges

Le boîtier 3D étudié au sein du projet « Microcooling » impose certaines contraintes au niveau des dimensions du caloduc intégré, du matériau enveloppe et de ses performances thermiques. Dans le chapitre précédent, nous avons décidé de développer un caloduc dans un substrat en forme de H (double face). Le boîtier 3D doit être capable d'évacuer 50 W (34 W dissipés au niveau du substrat double face équipé de caloduc et 17 W au niveau du substrat simple face) et fonctionner dans toutes les positions. L'empilement envisagé est représenté sur la figure suivante :

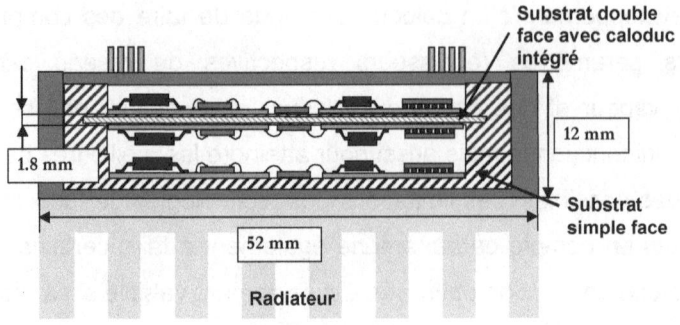

Figure 2-1 : Schéma du module 3D envisagé

Nous avons déterminé précédemment (Chapitre 1, **paragraphe 1.5.7.**) une première géométrie de caloduc plat double face. L'épaisseur au centre du substrat en H est de 1,8 mm.

2.1.2. Dimensions de l'enveloppe

Dans le cadre du projet « Microcooling », il a fallu très rapidement réaliser des prototypes de caloducs. Pour le choix des dimensions, nous nous sommes basés sur des précédents travaux internes et externes au laboratoire **[IVANOVA-1][KHANDEKAR-1][ZUO]**. Les résultats des études antérieures ont permis de proposer, assez tôt dans la démarche, une conception empirique de la structure des caloducs considérés (prototypes).

La géométrie choisie comporte des parois de 0,4 mm et l'espace restant contient l'espace vapeur et le réseau capillaire (1 mm). Pour le choix de l'épaisseur des parois de 0,4 mm, nous nous sommes basés sur les études menées sur des caloducs plats dans le projet européen « MCUBE » **[7][KHANDEKAR-2]**. Comme le caloduc doit fonctionner avec des composants sur ses deux faces, il est nécessaire d'avoir un réseau capillaire sur les deux faces et un espace vapeur au milieu. Nous avons donc choisi comme géométrie de base, la structure présentée sur la **Figure 2-2**. Le

72

matériau enveloppe est le cuivre. Les composants chauffants seront disposés au milieu du caloduc et le substrat sera refroidi des deux côtés.

Le choix de la géométrie interne n'est en aucun cas le fruit du hasard mais bien le résultat d'une capitalisation des efforts et des acquis des expériences passées au LEG sur la problématique du refroidissement des composants d'électronique de puissance par caloducs miniatures [**AVENAS-1**][**IVANOVA-1**].

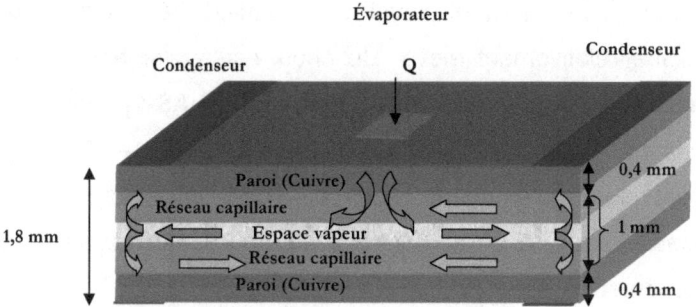

Figure 2-2 : Représentation de la géométrie interne du caloduc

Comme le montre la **Figure 2-2,** dans notre cas, le flux de chaleur est transversal et le réseau capillaire et l'espace vapeur sont prévus pour transporter le liquide et respectivement la vapeur axialement.

2.1.3. Le réseau capillaire

Comme nous l'avons vu dans le Chapitre 1, nous avons choisi la poudre frittée en cuivre pour le réseau capillaire du caloduc car :

- elle est compatible avec le matériau d'enveloppe,

- elle permet d'avoir de petits rayons de pore et donc une pression capillaire importante. Cela se traduit par la possibilité de faire fonctionner le caloduc plus facilement avec plusieurs orientations, et notamment lorsque la gravité s'oppose à l'écoulement du liquide [**LOH**].

73

Au niveau thermique le réseau capillaire fritté est également très intéressant. Dans notre cas, la poudre métallique est frittée à haute température (975 ℃ - 1000 ℃) sur l'enveloppe méta llique du caloduc et le contact thermique entre ces deux éléments est très bon - le réseau capillaire sera soudé sur l'enveloppe. Les gradients de température aux niveaux de l'évaporateur et du condenseur sont faibles.

Le diamètre des billes choisi pour le réseau capillaire fritté est compris entre 80 et 100 µm, ce qui permet d'avoir une perméabilité assez basse un pompage capillaire relativement élevé. Ce choix est également justifié de l'expérience acquise lors de précédents travaux [**AVENAS-1**]. Nous avons également envisagé d'utiliser de billes de diamètres de 100 − 120 µm, car elles permettront plus facilement d'obtenir des épaisseurs souhaitées au niveau du réseau capillaire et la perméabilité du réseau capillaire sera également relativement basse.

Malgré tous les avantages du réseau capillaire fritté, une contrainte également apparaît : comme la poudre métallique est frittée à une température assez élevée, le matériau enveloppe (cuivre) se recuit. Ce fait pose des problèmes de tenue mécanique qui seront présentés plus tard dans ce chapitre.

2.2. Présentation des caloducs étudiés

Les caloducs plats permettent d'avoir des surfaces assez larges avec des distributions de température relativement uniformes. Néanmoins leur mise en œuvre est souvent complexe. Leur enveloppe est soumise à la différence de pression créée entre la pression interne du caloduc et la pression environnementale externe. Ceci peut avoir comme conséquence une grande force agissant sur les parois du caloduc, qui peut causer une déformation, d'autant plus importante que la paroi est de faible épaisseur [**BENSON-1**]. En effet, les caloducs cylindriques, grâce à leur forme, peuvent résister à des différences de pression plus grandes et supporter des forces compressives ou de tension plus importantes sur leurs parois. Les caloducs à eau ont des pressions plus basses que la pression atmosphérique si la température de fonctionnement est inférieure à 100 °C et plus haut es au-delà de 100 °C. La forme cylindrique est donc plus avantageuse.

Dans notre étude, nous nous intéressons aux caloducs plats avec des parois très minces (0,4 mm). La différence de pression maximale entre la pression atmosphérique et la pression interne du caloduc sera considérée de 1 bar car dans notre cahier des charges, la température de fonctionnement est définie inférieure à 100 °C, d'où des déformati ons seulement dans un sens (dépression). Nous avons cherché des solutions afin de contourner ce problème. Nous avons donc entrepris de renforcer les parois du caloduc de l'intérieur par des piliers internes n'empêchant pas l'écoulement du fluide caloporteur. Dans ce cadre, nous avons étudié deux types de piliers : des plots internes et des rainures frittées.

2.2.1. Caloduc à plots

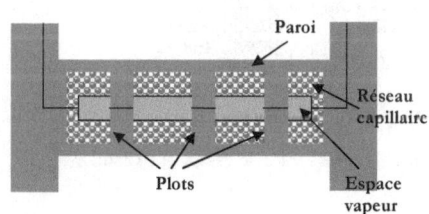

Figure 2-3 : Section transversale d'un caloduc à plots

La **Figure 2-3** représente la section transversale d'un caloduc plat à plots.

Nous avons proposé d'usiner des plots dans l'enveloppe du caloduc elle-même constituée de deux demi-caloducs (coquilles) qui sont en contact lors de l'assemblage du caloduc.

L'insertion de plots a pour effet de diminuer l'espace vapeur et l'espace prévu pour le réseau capillaire et de gêner les écoulements liquide et vapeur. Nous nous sommes donc penchés sur des solutions permettant de remplacer ces plots par des plots poreux qui permettront le passage du liquide.

2.2.2. Caloduc à rainures frittées

Nous proposons de réaliser un réseau capillaire qui permet de réaliser des plots poreux (frittés) au sein desquels le liquide pourra passer. En plus, cette nouvelle forme du réseau capillaire permet une circulation du fluide suivant trois directions, ce qui se traduira par une augmentation des surfaces d'échange (plus de ménisques).

Pour toutes ces raisons, nous avons proposé la géométrie de réseau capillaire à rainures frittées présentée sur la **Figure 2-4**.

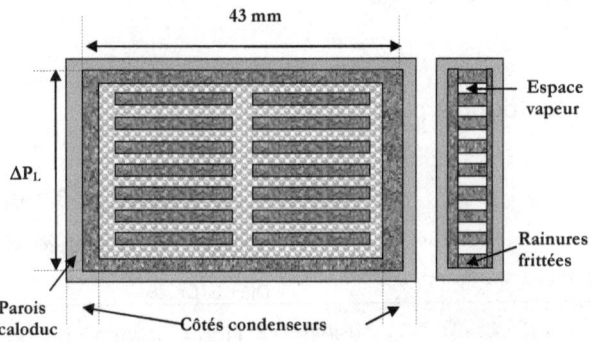

Figure 2-4 : Schéma du réseau capillaire fritté à rainures - vues de dessus et en coupe

Les passages pour la vapeur sont reliés à trois endroits afin d'obtenir une meilleure distribution de la vapeur. Les rainures frittées, ainsi disposées, permettent de ramener le liquide du condenseur vers l'évaporateur et, en même temps, de renforcer les parois du caloduc lorsque la pression interne devient inférieure à la pression externe. Nous avons défini les dimensions des rainures à 1x16x0,7 mm^3 et une largeur de l'espacement, entre des rainures, de 2 mm de manière à avoir suffisamment de rainures renfort et de disposer d'une section d'espace vapeur satisfaisante. Ces premières dimensions ont été prédéfinies par des contraintes technologiques d'usinage. L'usinage dans le milieu poreux est un procédé très délicat qui sera présenté dans le Chapitre 3.

Nous allons par la suite passer au dimensionnement complet, avec les aspects hydraulique, thermique et mécanique des caloducs à plots et à rainures frittées en nous basant sur les géométries que nous venons de présenter.

La problématique liée au dimensionnement du caloduc est de trouver une géométrie qui minimise sa résistance thermique tout en induisant des pertes de charge les plus faibles possibles et en ayant une déformation de la paroi négligeable. Toutefois, la résolution d'un tel problème n'est pas simple. La principale difficulté provient du grand nombre de paramètres tels que : la géométrie, la puissance imposée, la gamme de température, les propriétés physiques du fluide...

2.3. Modélisation hydraulique

En régime permanent, le principe de calcul d'un caloduc au sein d'un dispositif thermique consiste à déterminer sa température et la puissance maximale qu'il peut évacuer. Le but de la modélisation hydraulique est de calculer les flux limites que peut transporter le caloduc en fonction de sa température de fonctionnement et notamment, de déterminer la limite capillaire qui dépend du réseau capillaire choisi. Les autres limites sont en général négligeables pour les caloducs miniatures [**WANG**].

2.3.1. Calcul de la limite capillaire

Comme nous l'avons vu dans le Chapitre 1, **paragraphe 1.5.4.4.**, la limite capillaire est atteinte lorsque la somme des pertes de pression liquide, vapeur et gravitationnelles dans le caloduc devient égale à la pression motrice capillaire maximale :

$$P_{cap,max} = \Delta P_l + \Delta P_v + \Delta P_g \qquad \text{Équation 2.1}$$

où *ΔP* est la chute de pression et *l*, *v* et *g* les indices désignant liquide, vapeur et forces de gravité.

La pression capillaire maximale dans un caloduc a été aussi déjà définie dans le Chapitre 1, (**paragraphe 1.5.2.**) et s'exprime par :

$$P_{cap,max} = \frac{2\sigma}{r_{eff}} \cos\theta \qquad \text{Équation 2.2}$$

Où σ est la tension superficielle du fluide (N.m^{-1}),

r_{eff} est le rayon efficace de pore dans le milieu poreux (m),

θ est l'angle de mouillage (degrés).

La valeur de r_{eff} dépend des propriétés du fluide et du milieu poreux. Dans le cas de poudres frittées, le rayon efficace est défini comme suit :

$$r_{eff} = 0,21 D_s \qquad \text{Équation 2.3}$$

Où D_s est le diamètre de la bille (m).

Les pertes de pression dues à la gravité sont calculées par :

$$\Delta P_g = g \cdot \rho_l \cdot h \qquad \text{Équation 2.4}$$

Où *h* est la distance entre le condenseur et l'évaporateur que le liquide doit parcourir si le caloduc est positionné verticalement.

Pour notre structure (la distance de parcours entre le condenseur et l'évaporateur pour les caloducs à plots et à rainures considérés est d'environ 40 mm), la pression gravitationnelle maximale est de 380 Pa. La pression capillaire maximale du milieu poreux, calculée par l'**Équation 2.2**, est beaucoup plus importante. Elle vaut 5400 Pa pour un angle de mouillage de 30° et pour un diamètre de billes moyen de 90 µm. Les pertes

78

gravitationnelles sont alors négligeables. Elles peuvent par contre influencer le comportement du caloduc en cas d'accélération importante (applications avioniques, militaires ~ 10 g). Pour une accélération de 10 g, les pertes gravitationnelles sont plus faibles que la pression capillaire maximale du réseau capillaire étudié. Ce fait doit cependant être également vérifié expérimentalement. Pour notre étude de modélisation, nous avons négligé les pertes de pression dues à la gravité.

En conclusion, pour calculer la limite capillaire, nous avons besoin de connaître seulement l'évolution des pressions liquide et vapeur en fonction de la puissance.

La **Figure 2-5** présente les principaux transferts et processus dans un caloduc. La **Figure 2-5a)** illustre l'évolution du rayon de courbure de l'interface liquide-vapeur ou autrement dit, du ménisque le long du caloduc. Le point sec est le point pour lequel le ménisque a le rayon de courbure mimimum. Il se situe habituellement à l'évaporateur au point le plus loin du condenseur. Le point mouillé est, au contraire, le point pour lequel le ménisque a le rayon de courbure maximum et, en conséquence, les pressions de vapeur et de liquide sont approximativement égales. Ce point apparaît typiquement au niveau du condensateur le plus loin de l'évaporateur. Les **Figure 2-5b)** et **Figure 2-5c)** montrent des représentations simplifiées de la variation de la température et de la pression dans le caloduc. ΔP_v et ΔP_l sont respectivement les différences de pression vapeur et liquide entre le point mouillé (condenseur) et le point sec (évaporateur). Au niveau du point mouillé, la différence de pression entre la vapeur et le liquide est supposée nulle. Au niveau du point sec, elle est maximale.

Les écoulements dans le caloduc peuvent être, en partie, décrits par les équations de la conservation de la masse - bilan de masse pour la phase vapeur et la phase liquide. Si nous considérons la phase vapeur par exemple, l'évaporation consiste en un ajout de matière vapeur (molécules) qui

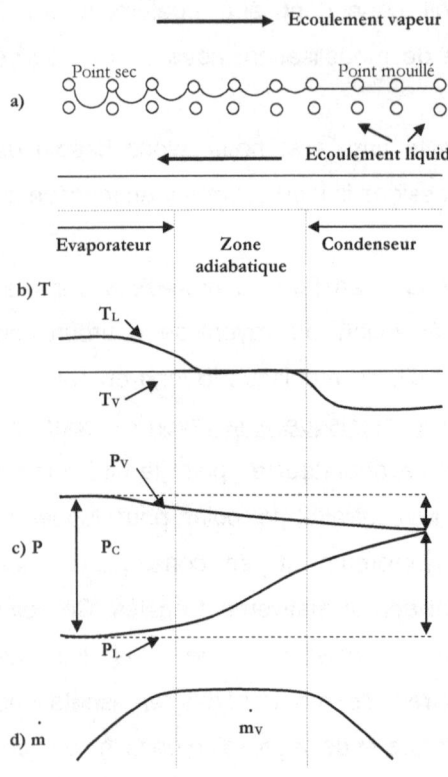

correspond à un débit massique $\dot{m}_v$ qui va augmenter. Le débit massique est nul au début de l'évaporateur, puis il augmente et reste constant le long de la zone adiabatique. Par contre, la condensation fait un retrait de matière vapeur qui correspond à un débit massique qui diminue (**Figure 2-5d)**). Le débit massique de la vapeur est opposé à celui du liquide [**TIEN**].

Figure 2-5 : Schémas des principaux phénomènes dans un caloduc

Dans le paragraphe suivant, nous présenterons des modèles hydrodynamiques des caloducs plats à plots et à rainures pour le refroidissement des dispositifs électroniques. Ces modèles sont essentiellement basés sur l'hydrodynamique des écoulements du liquide et de la vapeur. Ils ne peuvent pas prédire les températures atteintes par le système, mais peuvent donner une estimation de la limite capillaire du caloduc, donc de la puissance maximale qu'il peut transférer. Nous modéliserons les écoulements de la vapeur et du liquide dans les caloducs en 2D ou en 3D, en utilisant les équations de bilan de masse, de conservation de la quantité de mouvement et la loi de Darcy.

Les modèles sont basés sur quelques hypothèses :

- les écoulements du liquide et de la vapeur sont incompressibles ;

- les propriétés physiques du fluide sont constantes dans tout le caloduc ;

- le flux de chaleur qui entre à l'évaporateur est égal au flux de chaleur qui sort du condenseur (pas de pertes par convection ou rayonnement) ;

- le réseau capillaire est tout le temps saturé de liquide ;

- pas d'interaction entre le liquide et la vapeur.

2.3.2. Modélisation 2D - caloduc à plots

Le substrat en H équipé d'un caloduc aura des composants montés sur ses deux faces. Il y aura donc plusieurs sources de chaleur de part et d'autres (évaporateurs) et il sera refroidi de deux côtés (**Figure 2-6a**)). Pour simplifier l'analyse des phénomènes rencontrés, nous avons choisi d'étudier le caloduc en H avec uniquement un évaporateur situé d'un côté et un condenseur situé sur le côté opposé (**Figure 2-6b**)). La puissance appliquée à l'évaporateur sera égale à la puissance totale que le caloduc doit transférer. De cette manière nous nous positionnons dans la configuration la plus défavorable sur le plan hydraulique et simplifions la géométrie étudiée. Les distances à parcourir par le liquide et la vapeur sont plus longues, ce qui se traduit avec des pertes de pression plus élevées et de fait, une limite capillaire plus faible. La limite capillaire du caloduc dans le cas de la **Figure 2-6a)** (deux côtés de chauffage) est théoriquement plus élevée que la limite capillaire avec seulement un côté de chauffage.

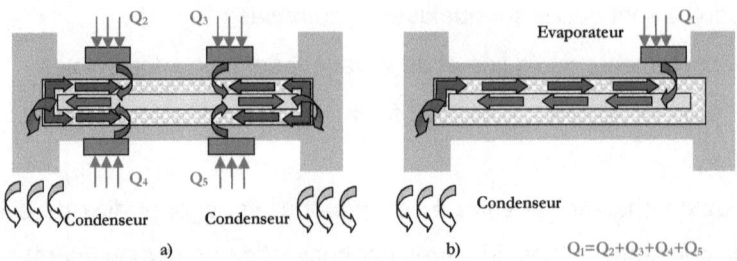

Figure 2-6 : Différents mode du fonctionnement du caloduc pour la même puissance d'entrée :

a) condenseur des deux côtés b) condenseur sur un côté

En effet les deux côtés du caloduc fonctionnent comme des circuits liquides parallèles avec une résistance d'écoulement plus faible lorsque les deux côtés du réseau capillaire sont utilisés, et ainsi le fluide caloporteur retourne du condenseur vers l'évaporateur d'une manière plus efficace. **[RIGHTLEY] [VADAKKAN]**

Nous cherchons par la suite à modéliser, les écoulements liquide et vapeur pour trouver l'évolution des pressions dans les deux phases en fonction de la puissance et de là, à déterminer la limite capillaire du caloduc. Il est à noter que nous négligerons la présence de plots dans le modèle hydraulique.

2.3.2.1. Définition du problème en 2D

La géométrie que nous avons donc étudiée est représentée sur la **Figure 2-7**. La zone d'évaporation et la source froide sont situées aux côtés opposés du caloduc. Le reste de la surface est la zone adiabatique. Le caloduc est représenté par un milieu capillaire de hauteur h_l et un espace vapeur de hauteur h_v. Nous ne représentons pas l'enveloppe du caloduc (en cuivre) car elle n'intervient pas pour les calculs d'écoulements.

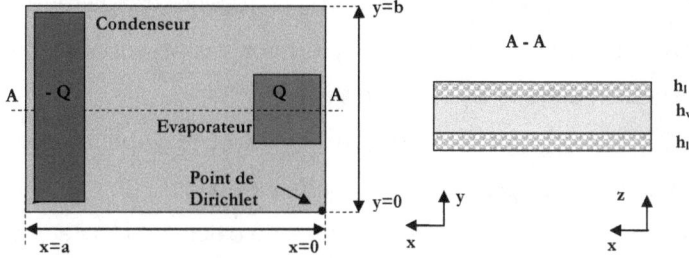

Figure 2-7 : Représentation du modèle hydraulique du caloduc à plots

Comme l'épaisseur du caloduc est petite (centaines de µm), comparée à sa longueur **a** (44 mm) et à sa larguer **b** (30 mm), nous avons tout d'abord développé un modèle hydrodynamique 2D pour le liquide dans le milieu poreux et pour la vapeur dans l'espace vapeur. Nous avons fait l'hypothèse que les gradients de pression dans la structure capillaire et dans l'espace vapeur dans la direction z étaient nuls. Un point de la géométrie (point de Dirichlet) est pris comme condition limite (P= 0 Pa) pour avoir une référence de pression.

Pour avoir un système d'écoulement isolé, où aucun fluide n'entre ou ne sort du dispositif, les conditions aux limites appliquées sont:

$$\frac{\partial P_l}{\partial x}\bigg|_{x=0} = \frac{\partial P_l}{\partial x}\bigg|_{x=a} = \frac{\partial P_l}{\partial y}\bigg|_{y=0} = \frac{\partial P_l}{\partial y}\bigg|_{y=b} = 0$$

Pour simplifier les calculs, nous allons supposer aussi que l'évaporation et la condensation du liquide s'effectuent dans une seule couche (**Figure 2-8**) :

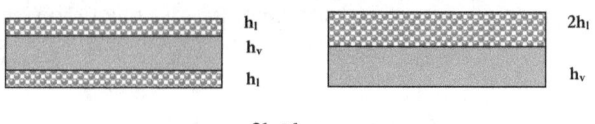

$$2h_l + h_v = const$$

Figure 2-8 : Représentation simplifiée du réseau capillaire dans le caloduc à

Nous avons traité les écoulements dans le réseau capillaire et dans l'espace vapeur séparément c'est à dire que nous avons supposé qu'il n'y avait pas d'interaction entre le liquide et la vapeur.

Le modèle 2D hydrodynamique pour le liquide et la vapeur permet de calculer la différence de pression dans chaque phase du caloduc. En connaissant la pression capillaire, il est possible de calculer la limite capillaire du caloduc.

2.3.2.2. Ecoulement liquide en 2D

A partir des équations de conservation de la quantité de mouvement et de masse, il est possible d'écrire la relation entre la vitesse du fluide et la chaleur entrant dans le caloduc [**KAMENOVA**]:

$$\frac{\partial u_l}{\partial x} + \frac{\partial v_l}{\partial y} = \frac{-q}{\rho_l h_{fg} h_l} \qquad \text{Équation 2.5}$$

Où u et v sont respectivement les vitesses dans les directions x et y (m/s), h_{fg} est la chaleur latente (J.kg^{-1}), q est la densité de flux entrant dans le caloduc (W.m^{-2}) et h_l est la hauteur du réseau capillaire (m).

Les vitesses axiales u et v peuvent être exprimées par la loi de Darcy (écoulement dans un milieu poreux) :

$$u_l = -\frac{K}{\mu_l}\frac{\partial P_l}{\partial x} \qquad \text{Équation 2.6}$$

$$v_l = -\frac{K}{\mu_l}\frac{\partial P_l}{\partial y} \qquad \text{Équation 2.7}$$

Où P est la pression (Pa), μ est la viscosité dynamique (kg.m^{-1}.s^{-1}) et K est la perméabilité (m^{-2}).

La densité de chaleur q, entrant dans le caloduc, est calculée par :

Evaporateur $\qquad\qquad q = \dfrac{Q}{L_{e,x} L_{e,y}} \qquad\qquad\qquad$ **Équation 2.8**

Zone adiabatique $\qquad q = 0 \qquad\qquad\qquad\qquad\qquad$ **Équation 2.9**

Condenseur $\qquad\qquad q = -\dfrac{Q}{L_{c,x} L_{c,y}} \qquad\qquad\qquad$ **Équation 2.10**

Où $L_{e,x}$ et $L_{e,y}$ sont les dimensions de l'évaporateur dans les directions x et y (m) et $L_{c,x}$ et $L_{c,y}$ sont respectivement celles du condenseur (m).

La perméabilité K dépend de la géométrie du milieu poreux et de sa porosité. Dans notre cas, elle est donnée par [**FAGHRI**] :

$$K = \frac{r_s^2 \varepsilon^3}{31,5(1-\varepsilon)^2}$$ **Équation 2.11**

Avec r_s le rayon de sphères en (m) et ε la porosité du réseau capillaire.

Pour un réseau capillaire fritté constitué de particules sphériques en cuivre avec un diamètre D_s de 100 µm et de porosité de 35 %, K est égale à $1{,}65 \times 10^{-12}\ m^2$.

La distribution de la pression liquide dans le réseau capillaire est alors définie par :

$$\frac{\partial^2 P_l}{\partial x^2} + \frac{\partial^2 P_l}{\partial y^2} = \frac{\mu_l}{K} \frac{1}{\rho_l h_{fg} h_l} q$$ **Équation 2.12**

2.3.2.3. Ecoulement vapeur en 2D

Pour l'espace vapeur, une approche semblable a été adoptée pour calculer les champs de pression et de vitesse dans le caloduc. Nous supposons que l'écoulement de la vapeur est laminaire entre deux plaques parallèles espacées de h_v et nous obtenons les expressions suivantes pour les vitesses [**KAMENOVA**] :

$$u_v = -\frac{h_v^2}{12\mu_v} \frac{\partial P_v}{\partial x}$$ **Équation 2.13**

$$v_v = -\frac{h_v^2}{12\mu_v} \frac{\partial P_v}{\partial y}$$ **Équation 2.14**

A partir des équations de vitesses de la vapeur entre deux plaques parallèles, du bilan de masse et de l'équation de conservation de la quantité de mouvement, nous obtenons l'équation pour la distribution de la pression vapeur dans la phase vapeur [**MAHN**] :

$$\frac{\partial^2 P_v}{\partial x^2} + \frac{\partial^2 P_v}{\partial y^2} = -\frac{12\mu_v}{\rho_v h_v^3 h_{fg}} q$$ **Équation 2.15**

Les **Équation 2.12** et **Équation 2.15** ne sont pas faciles à résoudre en 2D. Pour cette raison nous avons cherché à utiliser un logiciel à éléments finis. Nous ne disposons pas au laboratoire de logiciels spécialisés dans la résolution de problèmes de mécanique des fluides. Nous avons utilisé le logiciel FLUX pour modéliser les écoulements hydrodynamiques des caloducs à plots et à rainures frittées et calculer la limite capillaire des caloducs grâce aux équations de la thermique. Nous avons fait pour cela une analogie hydraulique-thermique car les **Équation 2.12** et **Équation 2.15** sont du même type que l'équation de la chaleur en régime permanent (**Équation 2.16**). Nous pouvons donc transposer notre problème de mécanique de fluides en un problème de thermique :

$$\frac{\partial^2 T}{\partial x^2} + \frac{\partial^2 T}{\partial y^2} = \frac{-P_i}{k}$$

Équation 2.16

Où P_i est la puissance volumique (W.m^{-3}) ;

k est conductivité thermique (W.m^{-1}.K^{-1}).

Dans notre analogie, les températures jouent le rôle des pressions et la densité volumique peut être déduite du flux thermique.

L'évaporateur et le condenseur sont remplacés par des zones à densité de puissance P_i qui définie comme suit :

Phase vapeur $P_i = k\frac{12\mu_v}{\rho_v h_v^3 h_{fg}} q$

Équation 2.17

Phase liquide $P_i = -k\frac{\mu_l}{h_l K \rho_l h_{fg}} q$

Équation 2.18

L'analogie hydraulique-thermique a été validée pendant un stage de Master Recherche effectué au sein du laboratoire. Le modèle 2D a été validé, ce qui nous a permis d'étudier la répartition des pressions dans un caloduc en 2D [**MAHN**].

2.3.2.4. Pression du liquide et de la vapeur

Les **Figure 2-10** et **Figure 2-11** présentent les évolutions des pressions à l'intérieur du caloduc pour le liquide et pour la vapeur pour une puissance de 1 W. Les résultats sont obtenus pour une température de saturation de 60°C.

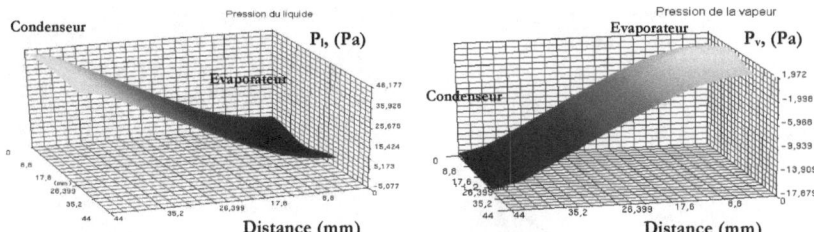

Figure 2-10 : Evolution de la pression du liquide

Figure 2-11 : Evolution de la pression de la vapeur

Grâce à ces résultats, nous avons pu trouver la limite capillaire du caloduc.

2.3.2.5. Limite de fonctionnement du caloduc en fonction de la température de fonctionnement

Notre objectif de départ était de déterminer la limite de fonctionnement du caloduc c'est à dire sa limite capillaire. Elle peut être trouvée à partir de la répartition de la pression dans le caloduc. Les chutes de pression totales peuvent être calculées en déterminant la différence entre la pression maximale (liquide) et la pression minimale (vapeur) tel que nous l'avons montré dans le paragraphe précédent (**Équation 2.1** et **Équation 2.5**).

Sur la **Figure 2-12** sont illustrées les performances thermiques maximales du caloduc (limite capillaire) en fonction de la température de saturation, pour un angle de contact de 30° et une porosité du réseau capillaire de 35 %. Pour une température de fonctionnement qui varie entre 300 et 380 K, la limite capillaire augmente presque linéairement de 37 à 127 W. Les capacités de

87

transport de chaleur du caloduc sont meilleures à températures élevées grâce à l'évolution de la viscosité dynamique de l'eau, qui diminue avec la température. Ces résultats de simulation montrent que la puissance maximum demandée par le projet, qui est égale à 50 W pour le boîtier et de 34 W pour le substrat H, est largement atteinte.

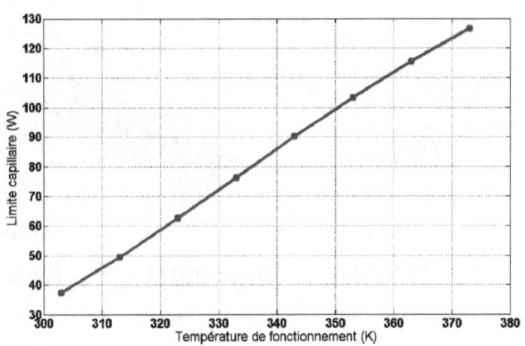

Figure 2-12 : Evolution de la limite capillaire du caloduc en fonction de la température de fonctionnement (cas 2D)

Nous avons, au départ, défini les hauteurs pour l'espace vapeur et pour le réseau capillaire respectivement de 300 µm et de 350 µm (au niveau de chaque face ou 700 µm au total) pour pouvoir intégrer le caloduc dans l'épaisseur du substrat en H de 1,8 mm. Nous avons effectué par la suite une étude de sensibilité de l'influence de la hauteur du réseau capillaire (milieu poreux) sur les performances hydrauliques du caloduc. [**POPOVA-3**]

2.3.2.6. Influence de la hauteur du milieu poreux sur les performances hydrauliques du caloduc

La puissance maximum que le caloduc peut dissiper dépend de la hauteur du milieu poreux (h_l) et de la hauteur de l'espace vapeur (h_v). Lorsque la hauteur du réseau capillaire augmente, la différence de pression dans le milieu poreux diminue tandis que la différence de pression dans la vapeur augmente. L'objectif de cette étude a été de trouver l'optimum pour notre configuration, en respectant la condition : **2h$_l$+h$_v$ = constante**.

La **Figure 2-13** montre l'évolution de la limite capillaire en fonction de la hauteur du réseau capillaire du caloduc.

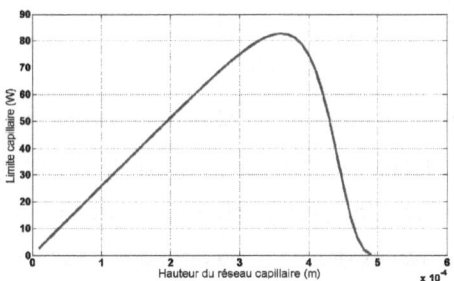

Figure 2-13 : Influence de la hauteur du réseau capillaire sur les performances du caloduc

La limite capillaire du caloduc est la plus élevée pour une hauteur du réseau capillaire de 370 µm de chaque côté (2h$_l$=740 µm et h$_v$=260 µm), ce qui signifie que cette hauteur parait optimale sur le plan hydraulique. Ce résultat confirme le choix retenu pour la réalisation. Il doit cependant être également vérifié expérimentalement.

Nous avons jusqu'à maintenant étudié le caloduc à plots sans la présence des plots. Ce travail complémentaire a été mené dans le cadre d'une thèse en cours au laboratoire ([**KAMENOVA**]) qui vise à développer un modèle numérique hydraulique et thermique de caloduc à plots utilisant sous Matlab la méthode des différences finies. Elle a tout d'abord modélisé le caloduc sans la présence de plots et ensuite en les prenant en compte. Les huit plots ont été représentés comme des zones sans écoulement. Les résultats des deux modèles développés sont présentés dans le tableau suivant :

Tableau 2.1: Résultats de simulation pour des températures de fonctionnement différentes [**KAMENOVA**]

89

Température de fonctionnement, K	Modèle 2D sans plots Q$_{max}$, W	Modèle 2D avec 8 plots Q$_{max}$, W
333	78	63
343	94	73
353	103	82

Les résultats de la modélisation effectuée avec le logiciel FLUX pour trouver la limite capillaire du caloduc (**Figure 2-12**) sont très proches aux résultats du modèle 2D sans plots, présentés dans le **Tableau 2.1**. De cette manière, nous avons pu valider une fois de plus l'analogie entre les équations thermique et hydrauliques et les résultats de la modélisation présentés dans les paragraphes précédents.

Nous voyons également que dans le **Tableau 2.1,** la présence de plots influence le fonctionnement du caloduc. Comme attendu, la présence de plots limite la section hydraulique du caloduc et réduit de fait les performances de transport de ce dernier.

Par la suite, nous avons voulu comparer la modélisation 2D effectuée avec le logiciel FLUX avec un modèle en 3D pour valider notre hypothèse du départ qui consistait à négliger les chutes de pression dans l'épaisseur du caloduc (l'axe z). La modélisation 3D du caloduc à plots doit également nous permettre de calculer les champs de pression dans le caloduc à rainures en raison de la structure tridimensionnelle de son réseau capillaire.

La modélisation 2D que nous venons de présenter paraît suffisante pour estimer les pressions liquide et vapeur dans les caloducs à plots. En revanche, pour les caloducs à rainures, cela est un peu plus complexe car les écoulements des deux phases sont tout à fait différents du fait de la forme du réseau capillaire. Nous allons donc, dans la partie suivante, proposer une solution pour les modéliser.

2.3.3. Modélisation des caloducs à rainures frittées

Pour les caloducs à rainures, contrairement à ceux à plots, le liquide circule dans un réseau capillaire ayant une épaisseur variable du fait de la présence des « ailettes » réalisées avec des billes de cuivre frittées. L'écoulement est donc maintenant beaucoup plus complexe et l'approche 2D paraît insuffisante. D'autre part, l'écoulement de la vapeur est lui aussi très différent car l'espace dans lequel il peut circuler est constitué de canaux reliés entre eux qui constituent une galerie assez complexe.

En conséquence, nous avons décidé de développer une modélisation 3D s'appuyant sur les résultats précédemment présentés en 2D afin de modéliser la phase liquide. Pour la vapeur, nous avons simplifié l'étude en réalisant un modèle s'appuyant sur des résultats classiques d'écoulements en canaux rectangulaires.

2.3.3.1. Etablissement d'un modèle d'écoulement en 3D

Pour établir la géométrie et définir le problème en 3D, nous avons utilisé le module 3D du logiciel FLUX9. Dans le modèle 2D, l'évaporateur et condenseur sont des régions volumiques.

Dans le modèle 2D, l'évaporateur et le condenseur sont des régions volumiques. Pour le modèle 3D, FLUX9 nous impose d'utiliser des régions surfaciques avec une certaine épaisseur. Ce fait implique le calcul de la puissance volumique à injecter dans ces régions surfaciques. Pour la phase liquide dans le modèle 2D, la puissance volumique injectée est exprimée à partir de l'**Équation 2.18**. Nous avons pris les régions surfaciques avec une épaisseur **e** égale à 10^{-6} m pour avoir un gradient de température le plus faible possible.

La puissance totale injectée dans ces régions est calculée par :

$$P_{sur} = \frac{P_i h_1}{e}$$ **Équation 2.19**

En remplaçant l'**Équation 2.18** dans l'**Équation 2.19**, nous obtenons :

91

$$P_{sur} = -k \frac{\mu_l}{eK\rho_l h_{fg}} q$$ **Équation 2.20**

Pour la simulation, la condition limite de Dirichlet est appliquée sur une ligne (pression de référence égale à 0 Pa). Des frontières adiabatiques sont appliquées aux pourtours de la structure.

La pression liquide pour 1 W est présentée sur la **Figure 2-14** :

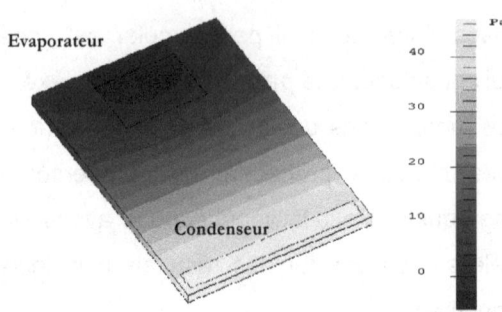

Figure 2-14 : Distribution de la pression dans la phase liquide (cas 3D)

En comparant ce résultat avec celui de la **Figure 2-10**, nous voyons que les résultats du modèle 3D pour le liquide sont très proches du modèle 2D. Nous pouvons donc utiliser ce type de modélisation 3D pour calculer les champs de pression dans le caloduc à rainures.

2.3.3.2. Calcul de la pression liquide

La géométrie du caloduc à rainures considérée est présentée sur la **Figure 2-15** :

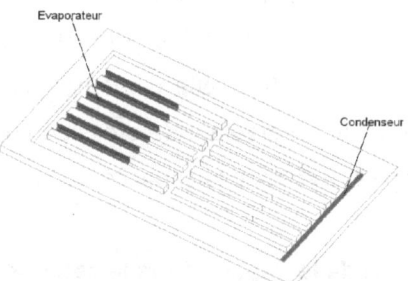

Figure 2-15 : Représentation du caloduc à rainures avec Flux9

Les densités de flux au niveau de l'évaporateur et du condenseur sont supposées uniformes. L'évaporateur et le condenseur sont représentés par des régions à injection surfaciques de puissance. La puissance totale appliquée est de 1 W. Une condition limite (Dirichlet) représente une référence pour la pression. Sur les contours de la géométrie sont appliquées des conditions adiabatiques. La température de fonctionnement a été prise à 60 ℃.

2.3.3.3. Pression du liquide dans le caloduc à rainures

La **Figure 2-16** présente la pression liquide dans le réseau capillaire du caloduc à rainures.

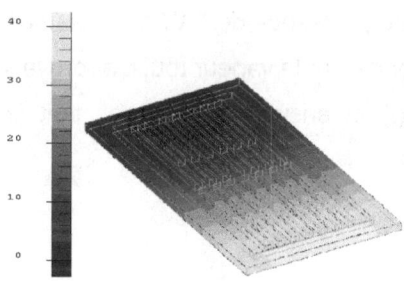

Figure 2-16 : Distribution de la pression dans la phase liquide du caloduc à rainures

La différence de pression liquide dans le caloduc à rainures entre l'évaporateur et le condenseur est plus faible (~46 Pa pour 1 W) que celle du caloduc à plots (~53 Pa pour 1 W). Cette différence qui se traduit par une réduction de 15 % environ de ce gradient de pression aura des répercutions positives sur la limite capillaire et donc la capacité de transport du caloduc.

2.3.3.4. Pression de la vapeur dans le caloduc à rainures

L'écoulement de la vapeur s'effectue dans des conduits de forme rectangulaire (rainures) de largeur 2 mm et profondeur de 600 µm qui se trouvent au sein du réseau capillaire fritté. Il est supposé laminaire et monodimensionnel. Les pertes de pression vapeur peuvent être donc représentées avec un modèle 1D analytique. Elles se divisent essentiellement en pertes visqueuses et inertielles. Les pertes inertielles sont généralement négligées.

Le nombre des conduits rectangulaires pour le passage de la vapeur dans le caloduc étudié est de 8. En prenant la géométrie du caloduc à rainures avec un évaporateur d'un côté et un condenseur de l'autre, nous avons supposé que la vapeur produite sous la source chaude (1cmx1cm) passe dans trois conduits vapeur (cas le plus pessimiste). Les passages vapeur sont reliés entre eux pour une meilleure distribution de la vapeur à trois niveaux de la structure capillaire, au milieu et aux extrémités (**Figure 2-17**). Si nous appliquons une puissance de 1 W au niveau de l'évaporateur, ce flux thermique sera transporté par la vapeur tout d'abord le long des trois conduits (zone adiabatique L_{a1}) et ensuite le long des huit (zone adiabatique L_{a2}) jusqu'au condenseur.

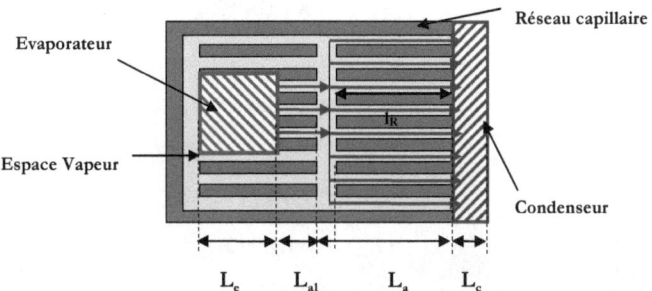

Figure 2-17 : Schéma du parcours de la vapeur de l'évaporateur au condenseur

La puissance transportée par la vapeur peut être représentée par le flux axial par rainure Q_{ax}. Ce flux sera considéré comme nul dans les rainures dans lesquelles il n'y a pas d'écoulement (**Figure 2-17**). Ce dernier est calculé à partir de la densité de flux qui entre dans l'espace vapeur. La **Figure 2-18** représente la densité de flux entrant dans le caloduc.

$$Q_{ax} = e_v \int q \, dx$$

Équation 2.21

où e_v est l'épaisseur d'une rainure (m).

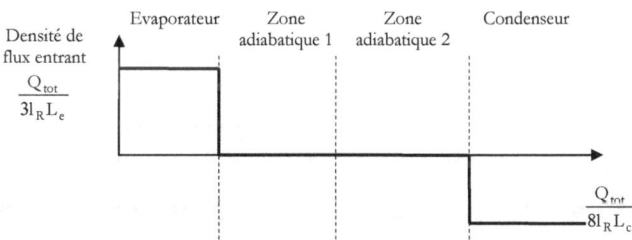

Figure 2-18 : Evolution de la densité de flux entrant dans le caloduc

L'évolution de la densité de flux permet de calculer le flux axial [**AVENAS-1**][**SUH**] :

$$Q_{ax}(x) = \begin{vmatrix} \dfrac{xQ_{tot1}}{L_e} & \text{pour } 0 \leq x \leq L_e & \textbf{Équation 2.22} \\[2mm] Q_{tot1} = \dfrac{Q_{tot}}{3} & \\[2mm] Q_{tot2} = \dfrac{Q_{tot}}{8} & \text{pour } L_e \leq x \leq L_e + L_{a1} \\[2mm] \dfrac{(L_t - x)Q_{tol2}}{L_c} & \text{pour } L_e + L_{a1} \leq x \leq \\ & L_e + L_{a1} + La2 \\ & \text{pour} \\ & L_e + L_{a1} + La2 \leq x < L_t \end{vmatrix}$$

Où L_e est la longueur de l'évaporateur (m), L_{a1} est la longueur zone adiabatique entre l'évaporateur et le milieu du réseau capillaire (m), L_{a2} est la longueur zone adiabatique entre le milieu du réseau capillaire et le condenseur (m), L_c est la longueur du condenseur (m), L_t est la longueur totale du caloduc (m), Q_{tot1} est la puissance dissipée par la source chaude dans une rainure au-dessous de l'évaporateur ($Q_{tot}/3$) (W) et Q_{tot2} est la puissance dissipée dans une rainure entre le milieu du réseau capillaire et le condenseur ($Q_{tot}/8$) (W).

La distribution du flux axial est représentée sur la figure suivante :

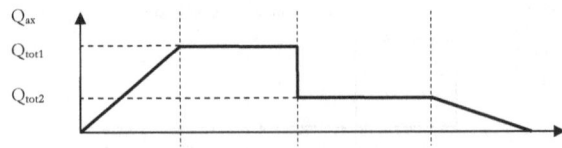

Figure 2-19 : Evolution du flux axial Q_{ax} le long du caloduc

La relation entre les pertes de pression visqueuses et le flux axial est exprimée de la manière suivante [**CHI**] :

$$\frac{dP_{vis}}{dx} = -\Gamma_v Q_{ax} \text{ avec } \Gamma_v = \frac{2\mu_v (Po)}{e_v h_v D_h^2 h_{fg} \rho_v} \qquad \textbf{Équation 2.23}$$

$$D_h = \frac{4 e_v h_v}{2 e_v + 2 h_v} \qquad \textbf{Équation 2.24}$$

$$Po = \left(24\left(1 - 1,3553c + 1,9467c^2 - 1,7012c^3 + 0,9564c^4 - 0,2537c^5\right)\right)$$ **Équation 2.25**

avec $c = \min\left(\dfrac{h_v}{e_v}, \dfrac{e_v}{h_v}\right)$

Où F_v est le paramètre de friction [N] ;

   Po est le nombre de Poiseuille ;

   e_v est la largeur de l'espace vapeur [m];

   h_v est la hauteur de l'espace vapeur [m];

   D_h est le diamètre hydraulique [m];

   h_{fg} est la chaleur latente de vaporisation [J.kg^{-1}] ;

   μ_v est la viscosité dynamique de la vapeur [kg.(m^{-1}.s^{-1})];

   ρ_v est la masse volumique de la vapeur [kg.m^{-3}] ; [**AVENAS-1**]

Le profil de la pression vapeur due aux pertes visqueuses est représenté sur la **Figure 2-20** :

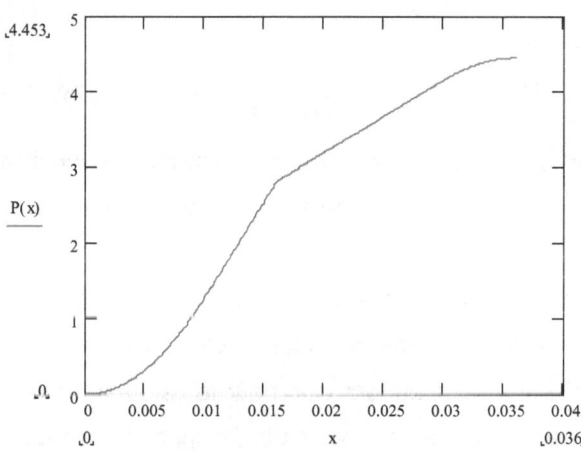

Figure 2-20 : Profil de pression vapeur due aux forces visqueuses

Les pertes de pression vapeur dans le caloduc à rainures sont très faibles (environ 4,5 Pa pour 1 W) par rapport aux pertes de pression liquide (46 Pa pour 1 W), même dans le cas le plus pessimiste avec trois conduits actifs pour la vapeur sous le composants. Si nous prenons quatre ou cinq les pertes vapeur seront encore plus faibles. Nous avons donc calculé la limite capillaire du caloduc à rainures seulement à partir de la pression liquide. Cette démarche nous permet d'obtenir l'ordre de grandeur de la limite de fonctionnement de ce caloduc.

2.3.3.5. Limite capillaire du caloduc à rainures

L'évolution de la limite capillaire en fonction de la température de fonctionnement pour ce type du caloduc est représentée sur la **Figure 2-21** :

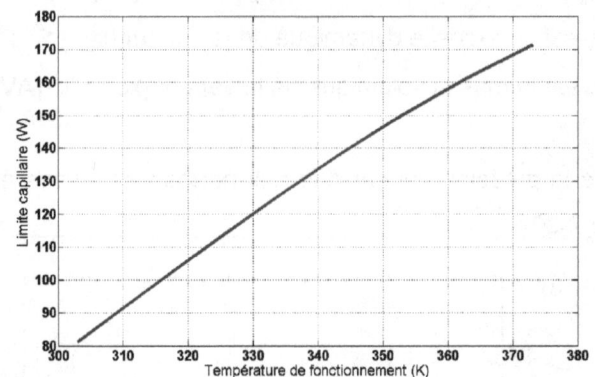

Figure 2-21 : Evolution de la limite capillaire du caloduc à rainures en fonction de la température de fonctionnement

La limite capillaire du caloduc s'améliore avec l'augmentation de la température de saturation comme nous l'avons déjà vu pour le caloduc à plots. Comparée aux résultats obtenus pour le caloduc à plots, la puissance maximale que le caloduc à rainures peut dissiper est beaucoup plus élevée que celle du caloduc à plots.

Pour vérifier les modélisations effectuées, les résultats de simulations obtenus doivent être comparés avec des résultats expérimentaux. Ceci sera effectué dans les Chapitre 3 et 4.

2.4. Modélisation thermique

Les transferts thermiques dans les caloducs pour des applications de refroidissement des substrats électroniques peuvent être modélisés avec le logiciel Flotherm que nous avons déjà utilisé dans le Chapitre 1. Ce logiciel permet de créer des modèles simplifiés qui fournissent une première évaluation de la température dans le caloduc. Le but de notre modélisation thermique est plutôt d'évaluer l'avantage des caloducs par rapport à des substrats en cuivre massif et de modéliser le boîtier 3D complet avec des caloducs intégrés. Il est important de noter que la modélisation ne permet pas de connaître les vraies limites de fonctionnement (la puissance maximale que le caloduc peut transporter). Nous ne pouvons pas modéliser facilement la physique du transfert thermique par changement de phase. Notre problème a donc été ramené à un problème de conduction pure. Ce modèle fournit une première évaluation des transferts thermiques dans le caloduc et au niveau du boîtier 3D.

Le caloduc est représenté comme un ensemble de blocs avec des conductivités thermiques équivalentes. Nous avons modélisé trois cas : caloduc à plots sans les plots, caloduc à plots et caloduc à rainures. La **Figure 2-22** représente un schéma de la structure du caloduc à plots sans les plots.

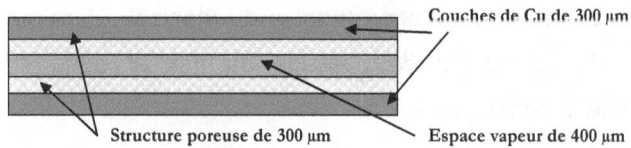

Figure 2-22 : Représentation thermique du caloduc à plots

L'espace vapeur est représenté comme un matériau à très haute conductivité thermique. Thermacore utilise dans ses simulations des conductivités équivalentes pour la vapeur de l'ordre de 50000 W.m^{-1}K^{-1} [TAYLOR]. Cette valeur conduit à créer la zone adiabatique que l'on trouve entre l'évaporateur et le condenseur.

Le réseau capillaire est représenté par une conductivité thermique moyenne (k_{eff}).

Dans la littérature, deux voies ont été investiguées pour déterminer la valeur de cette conductivité thermique moyenne du réseau capillaire fritté. [ALEXANDER] [CHI] et [PETERSON-1] ont développé des formulations analytiques prenant en compte la conductivité du liquide (k_l), la conductivité du matériau constituant la structure capillaire (k_s) et la porosité ε du réseau capillaire de la poudre frittée.

[TAYLOR] et [AVENAS-1] se sont de leur côté plus orienté vers une démarche expérimentale et se sont basées pour obtenir la valeur de conductivité thermique équivalente du réseau capillaire, sur des essais. L'un comme l'autre obtient des valeurs de conductivité thermique équivalente plus faible que celle déduite des modèles proposés.

Approximativement la plage des valeurs numériques données se situe entre 80 et 100 W.m^{-1}.K^{-1}, alors que les données expérimentales conduiraient à des valeurs moitiés.

Cet écart s'explique à la fois par la présence de l'oxyde en surface du réseau capillaire (qu'on ajoute pour améliorer la mouillabilité des billes frittées avec le fluide caloporteur) et le fait que le flux de chaleur se concentre au niveau des zones d'évaporation (angles du ménisque), ce qui entraîne une diminution de la section de passage du flux et donc localement une diminution de la conductivité.

Pour toutes ces raisons, nous avons choisi de retenir la valeur de conductivité équivalente basse obtenue expérimentalement, à savoir 40 W.m^{-1}.K^{-1}. C'est cette valeur numérique qui a été trouvé expérimentalement [TAYLOR] pour un réseau capillaire fritté de hauteur d'environ 400 µm.

Dans le tableau ci-dessous sont présentées les différentes valeurs de conductivités thermiques utilisées pour définir le caloduc.

Tableau 2.2: Caractéristiques thermiques des différents blocs

	Parois en cuivre	Espace vapeur	Réseau capillaire
Conductivité thermique (W/mK)	380	50000	40

Cette représentation permet de simuler les aspects principaux du transfert thermique du caloduc.

Des sources de chaleur, des conditions de paroi adiabatiques ou des coefficients de convection sont ajoutés aux solides, permettant de représenter avec une bonne précision les conditions de fonctionnement réelles. La température de la source froide est de 55 °C comme indiqué dans le cahier des charges du projet.

Les modélisations thermiques ont été effectuées de la même manière que celles qui ont été décrites dans le Chapitre 1. Les modèles thermiques sont employés pour calculer des champs de température correspondant aux configurations thermiques choisies et les températures maximales aux niveaux des composants.

2.4.1. Définition et modélisation du caloduc avec le logiciel Flotherm

Nous avons tout d'abord modélisé le caloduc seul avec la géométrie interne présentée sur la **Figure 2-22** – sans plots et sans rainures. Nous avons voulu tout d'abord montrer l'intérêt du caloduc par rapport à un substrat en cuivre sans prendre en compte la conduction thermique à travers les plots verticaux ou les rainures. La géométrie définie avec le logiciel Flotherm est présentée sur la **Figure 2-23**. L'évaporateur et le condenseur se situent sur les côtés opposés du caloduc. Cette géométrie correspond à la configuration utilisée pour le modèle hydraulique. La puissance appliquée à l'évaporateur est de 30 W et la température de la source froide (le condenseur) est de 55 °C. Entre la source chaude et la paroi du caloduc, il y a une couche de colle de 50 μm et de conductivité thermique égale à 0,7 W/mK.

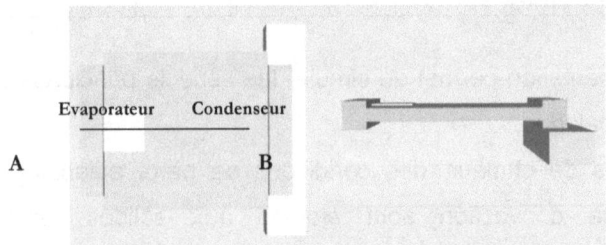

Figure 2-23 : Représentation externe du caloduc avec le logiciel Flotherm :
Vue de dessus et vue de côté

Sur les **Figure 2-24** sont présentés les champs de températures à la surface d'un substrat en cuivre massif et respectivement à la surface du caloduc de mêmes dimensions.

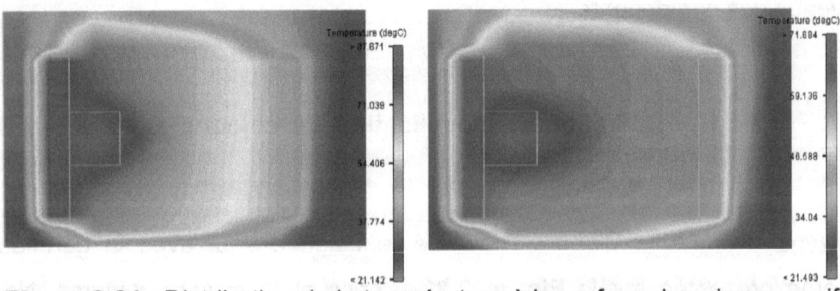

Figure 2-24 : Distribution de la température à la surface du cuivre massif
et à la surface du caloduc

Pour la même puissance appliquée (30 W), la température du composant dans le cas du caloduc est environ 16 °C plus basse. A partir de la température sous le composant (et sous la couche de colle) et la température à la frontière avec la source froide, nous pouvons estimer que le caloduc a une conductivité thermique proche à 700 W/mK. Grâce à cette étude, nous voyons que le caloduc est très intéressant au niveau de performances thermiques. Nous devons cependant valider expérimentalement ce résultat.

Nous avons fait une comparaison entre un caloduc fonctionnel, un caloduc vide (conduction que par les parois) et un substrat en cuivre massif. Sur la **Figure 2-25** sont tracées les distributions des températures le long de la ligne A – B (**Figure 2-23**) pour une puissance de 30 W appliquée au niveau de l'évaporateur. La ligne de mesure se trouve au niveau de la paroi du caloduc (entre la paroi et la couche de colle).

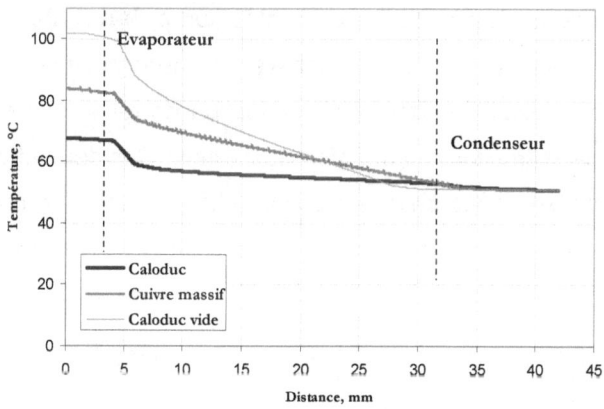

Figure 2-25 : Distribution de la température sur la ligne A-B

Il nous paraît cependant nécessaire de valider ce modèle par l'expérimentation. Au vu de ces résultats, nous pourrons en déduire que l'avantage du caloduc par rapport au substrat en cuivre massif est d'environ 40 %.

Nous avons par la suite étudié les deux autres géométries à savoir – le caloduc à plots et le caloduc à rainures frittées. Les géométries de ces deux types de caloducs ont été définies comme le montre la **Figure 2-26**. La hauteur des plots est de 1 mm (ils passent à travers le réseau capillaire et l'espace vapeur) et la hauteur des rainures de 600 µm.

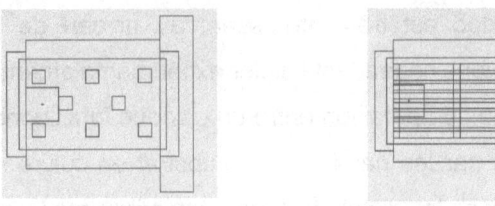

Figure 2-26 : Représentations du caloduc à plots et du caloduc à rainures avec le logiciel Flotherm : vues de dessus

Les profils de température le long de la ligne A – B (**Figure 2-23**) pour les différents caloducs étudiés sont représentés sur la **Figure 2-27**. Ils sont très voisins. Si la présence de renforts pénalise les phénomènes de circulation du fluide et de la vapeur, il permet par conduction de relier les deux parois du caloduc et ainsi d'améliorer le transfert de chaleur. Ces deux effets contraires doivent suivant les configurations étudiées plus ou moins se compenser, ce qui se traduit ici par un faible écart de température entre les profils.

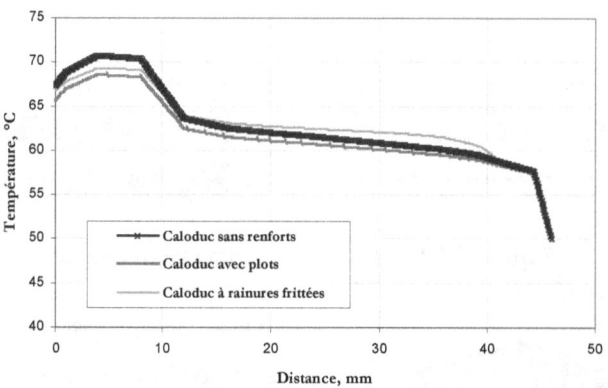

Figure 2-27 : Profil de température le long de la surface des différents
caloducs étudiés

Par la suite nous nous sommes intéressés à la distribution de la
température dans le boîtier 3D complet, équipé ou non d'un caloduc.

2.4.2. Modélisation thermique du boîtier 3D

La modélisation du refroidissement du boîtier intégré dans un système
avionique a été reconduite avec des données d'entrées plus proches de
l'application finale : à savoir un débit d'air de 3 l/s et une température de l'air
de 40℃. La configuration U+H retenue avec le substrat U côté source froide
et le substrat H côté couvercle est celle que nous avons modélisé au
Chapitre 1.

Les deux cas étudiés sont schématisés sur la **Figure 2-28**. La puissance
totale est distribuée uniformément sur quatre puces principales sur chaque
substrat. Au niveau de chaque puce sont appliqués 4,4 W, ce qui fait au total
17,6 W par substrat (**Figure 2-29**).

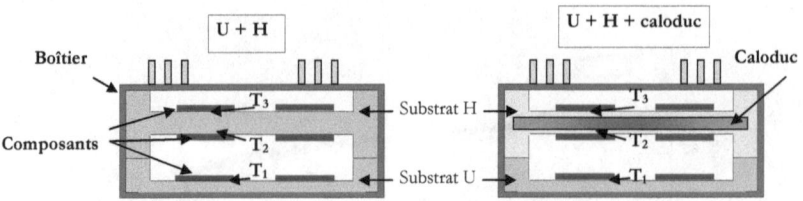

Figure 2-28 : Les deux configurations étudiées

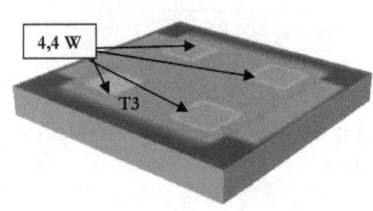

Figure 2-29 : Fonctionnement avec puissance distribuée uniformément au niveau des puces

Une comparaison entre les deux configurations est effectuée ainsi qu'un tableau synthétique (la configuration U+H avec et sans caloduc dans le substrat en H). Pour la comparaison, nous avons pris les valeurs des températures d'une des puces au niveau de chaque substrat. **[POPOVA-2]**

T1, *T2* et *T3* correspondent respectivement à la température du substrat du bas, à celle du substrat du milieu et celle du substrat du haut. Les températures au niveau de chaque substrat (sous les puces) sont présentées dans le **Tableau 2.3**:

Tableau 2.3 : Comparaison entre les 2 configurations étudiées

Configuration	T1, ℃	T2, ℃	T3, ℃
U+H	56,3	68,4	68,13
U+H+caloduc	46,4	63,8	64

La simulation appliquée aux deux types de configurations permet d'obtenir des températures au niveau des puces et donc de comparer l'efficacité thermique globale des deux structures.

La différence de températures au niveau des puces dans le cas du caloduc empilé dans le boîtier 3D par rapport au cuivre est moins importante que dans le cas de fonctionnement du caloduc seul. Lorsqu'il est empilé dans le module 3D, son effet est moins important du fait de certains paramètres parasites du boîtier (résistances de contact entre les différentes interfaces, conduction par les parois du boîtier et le couvercle etc.) et par conséquent l'avantage d'intégrer des caloducs dans les substrats est moins important.

Dans la partie suivante, nous nous sommes intéressés à la déformation éventuelle des parois du caloduc sous l'effet de la différence de pression.

2.5. Estimation de la déformation de la paroi des caloducs

Il est impératif de s'assurer que la paroi du caloduc résiste bien aux différences de pression (interne et externe) qui peuvent être importantes. Nous avons, pour cela, effectué une modélisation mécanique simplifiée 1D et ensuite une modélisation 3D avec le logiciel ANSYS (éléments finis) afin d'étudier la déformation maximale des parois des caloducs tout d'abord sans plots et ensuite avec plots et rainures. Le but de ce travail est d'éprouver sur plan mécanique, les géométries qui ont été étudiées sur les plans hydraulique et thermique et de voir à la lumière de ces résultats s'il est nécessaire de modifier l'un ou l'autre des paramètres géométriques choisis jusqu'alors.

Comme nous l'avons précédemment remarqué au cours de l'étude hydraulique, les plots gênent l'écoulement hydraulique du caloduc mais améliorent la tenue mécanique de l'ensemble. Il s'agit bien de ce fait de trouver un compromis optimal entre les performances hydraulique, mécanique et thermique pour que la fonction recherchée satisfasse l'application.

2.5.1. Calcul mécanique en 1D

En connaissant les propriétés mécaniques du matériau enveloppe, nous avons voulu trouver la déformation des parois du caloduc. Nous avons tout d'abord considéré un problème simple pour avoir une première estimation des performances mécaniques du caloduc. Le problème étudié est défini sur la **Figure 2-30.** La pression à l'intérieur du caloduc sera considérée comme nulle, tandis la pression externe sera imposée à 1 bar. L'épaisseur des parois est de 400 µm comme nous l'avons défini dans le **paragraphe 2.1.2** au début du chapitre. Cette première étude vise à estimer l'évolution de la déformation des parois du caloduc en fonction de l'épaisseur de ces derniers.

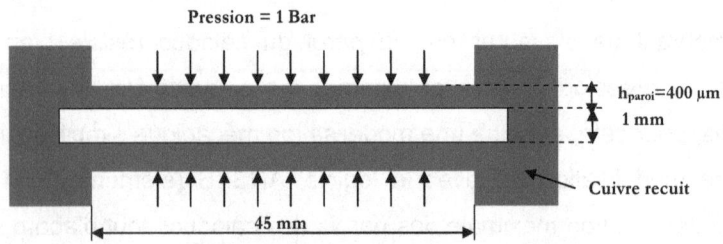

Figure 2-30 : Définition du problème

Nous considérons l'exemple d'une poutre encastrée à ses deux extrémités supportant une charge uniforme **w**. La hauteur (épaisseur) et la longueur de la poutre dans notre cas correspondent à celles de la paroi du caloduc. La pression agissant sur la paroi du caloduc sera ramenée à une charge uniforme. Nous avons séparé notre domaine en deux en étudiant seulement une des parois. [**LAROCHE**] [**SHARAFAT**]

Nous voulons déterminer la déformation verticale de la poutre horizontale de section et de densité uniformes. C'est un problème de flexion plane. Nous négligeons dans cette étude l'influence de l'épaisseur du réseau capillaire.

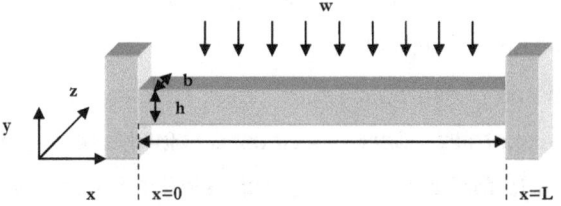

Figure 2-31 : Simplification du problème : poudre encastrée à deux extrémités

La contrainte produite est caractérisée par le moment de flexion **M** :

$$M = EIy^{II}$$ **Équation 2.26**

Où **E** est le module d'Young, **I** est le moment d'inertie de la section transversale et **y** le déplacement. Le moment **M** dans notre cas est égal aussi à :

$$M = -\frac{1}{12}wl^2 + \frac{1}{2}wlx - \frac{1}{2}wx^2$$ **Équation 2.27**

Où **w** est la charge uniforme appliquée et **l** la longueur de la poutre. Nous obtenons donc :

$$EIy^{II} = -\frac{1}{12}wl^2 + \frac{1}{2}wlx - \frac{1}{2}wx^2$$ **Équation 2.28**

A partir de cette équation différentielle, nous pouvons trouver la déformation maximale (autrement dit – la flèche) qui est :

$$y_{max} = -\frac{wl^4}{384EI}$$ **Équation 2.29**

Ici la seule inconnue est **I**. Elle peut être déterminée en connaissant la forme de la section droite. Dans le cas d'une section rectangulaire, elle est égale à [**INTERNET-4**]:

$$I = -\frac{bh^3}{12}$$ **Équation 2.30**

Le matériau d'enveloppe du caloduc est du cuivre. Son module d'Young est normalement d'environ 130 GPa pour 20 °C. Dans notre cas, l'enveloppe en cuivre sera recuite, car le procédé de dépôt du réseau capillaire s'effectue à des températures proches de 1000 °C. Le module d'Young du cuivre recuit est de l'ordre de 44 GPa. Pour nos dimensions géométriques, nous retrouvons une déformation de 464 µm pour une des parois du caloduc. Si nous prenons la même chose pour l'autre paroi, l'espace de 1 mm entre les deux va presque disparaître. Ceci est inacceptable même si nous n'avons pas pris en compte le fait que le réseau capillaire, qui sera déposé sur les deux parois internes, va les renforcer. La déformation sera diminuée mais elle sera toujours importante.

Pour palier ce problème, nous avons utilisé un matériau avec de meilleures caractéristiques mécaniques. Nous avons trouvé un alliage très proche du cuivre, le cuivre durci avec le nom commercial Glidcop. C'est un cuivre avec un pourcentage très faible d'alumine. Son module d'Young est de 120 GPa en état recuit.

Pour une épaisseur des parois de 400 µm et un module d'Young de 120 GPa, la déformation sur la poutre est de 170 µm. Nous avons diminué largement la déformation mais elle est toujours importante. Il est à noter que le module d'Young est très dépendant de la température. Il diminue avec l'augmentation de la température. Ceci est également contraignant dans

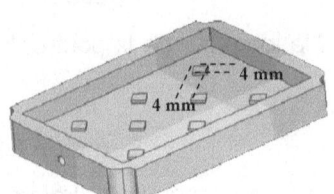

Figure 2-32 : Disposition des plots dans le caloduc

notre application car il y aura des composants chauffants collés sur les parois du caloduc.

Pour cette raison nous avons décidé d'ajouter des renforts sous forme de plots à l'intérieur de la structure. Après des premières estimations et des expériences acquises lors de précédents travaux **[CERZA][VOEGLER]** **[GACKIC]**, nous avons proposé l'ajout de 8 plots de 4x4 mm^2 à l'intérieur de la structure. Le nombre de plots a été choisi de manière à palier largement le problème de la déformation.

La déformation des parois avec la présence des plots ne peut pas être évaluée avec notre calcul en 1D. Un logiciel spécialisé dans la résolution de problèmes mécaniques a donc été utilisé (ANSYS).

2.5.2. Simulations mécaniques en 3D

ANSYS est un logiciel éléments finis que nous avons utilisé pour résoudre le problème de déformation des parois en 3D.

Tout d'abord, la géométrie du caloduc a été créée (**Figure 2-33**). La pièce a été discrétisée en éléments pour l'analyse structurale. Des propriétés physiques ont été attribuées à la structure simulée : module d'Young et coefficient de Poisson. Les matériaux considérés sont du cuivre et du Glidcop (cuivre durci) recuits. Les caractéristiques de ces matériaux sont présentées dans le **Tableau 2.4**. L'étape suivante a été la définition des chargements c'est-à-dire les appuis et les forces (pression). La dernière étape est la résolution. Elle dépend beaucoup du maillage appliqué à la pièce modélisée et n'était pas très évidente dans notre cas.

Tableau 2.4 : Caractéristiques mécaniques des matériaux considérés

Matériau	Module d'Young	Coefficient de Poisson
Cuivre	140 GPa	0,33
Cuivre durci (Glidcop)	130 GPa	0,33
Cuivre recuit	44 GPa	0,33
Cuivre durci recuit (Glidcop)	120 GPa	0,33

Nous avons tout d'abord modélisé le caloduc sans plots pour pouvoir vérifier nos calculs 1D. L'épaisseur des parois est de 400 µm, le matériau est du cuivre recuit et la pression appliquée est de 1 Bar. Le résultat est donné sur la **Figure 2-34**. La déformation maximale au centre du caloduc est de 422 µm. Selon les calculs analytiques 1D nous avons obtenu une déformation de 465 µm. Les résultats sont assez proches et la modélisation ne fait que confirmer nos craintes.

 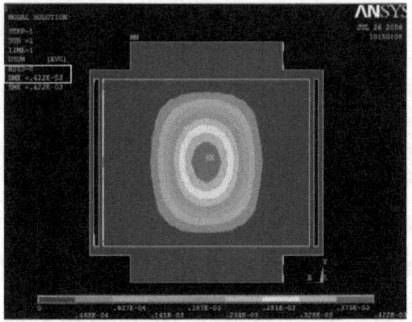

Figure 2-33 : Géométrie de la pièce étudiée

Figure 2-34 : Déformation au niveau de la paroi pour le caloduc recuit sans renforts

Nous avons ensuite modélisé la même géométrie mais avec des plots (**Figure 2-35**). Sans entrer dans les détails, nous allons présenter les résultats obtenus pour un caloduc en Glidcop avec 8 plots. La déformation maximale obtenue sur les parois est de l'ordre de 1 µm (**Figure 2-36**). Sur les figures présentées, les déformations sont toujours visuellement exagérées pour pouvoir mieux représenter l'effet de la pression sur les parois.

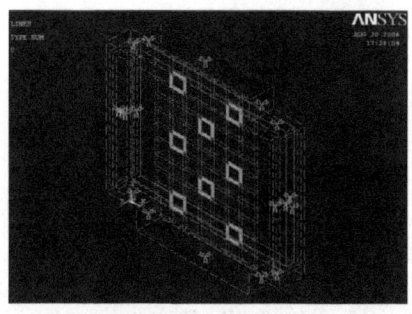 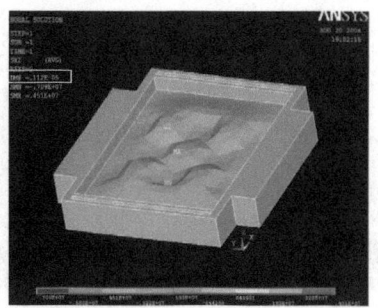

Figure 2-35 : Géométrie du caloduc à plots créée sous ANSYS

Figure 2-36 : Résolution du problème 3D avec plots

Nous avons refait la même modélisation avec une enveloppe en cuivre recuit et la déformation est trois fois plus importante. Il est à noter que nous n'avons pas pris en compte l'effet de la température sur les propriétés du matériau d'enveloppe pour les simulations effectuées avec ANSYS. Avec l'augmentation de la température (soudures, points chauds pendant le fonctionnement), le module d'Young diminue et les matériaux sont moins rigides. Dans tous les cas considérés, nous n'avons également pas pris en compte la présence du réseau capillaire qui de son côté renforcera également la résistance mécanique des parois. Ces modélisations visent à donner une première estimation des déformations éventuelles des parois des caloducs.

Nous avons ensuite modélisé le caloduc à rainures. Les rainures sont modélisées comme un matériau solide. La géométrie interne est présentée sur la **Figure 2-37**. La déformation maximale obtenue dans cette configuration est plus faible (0,1 µm).

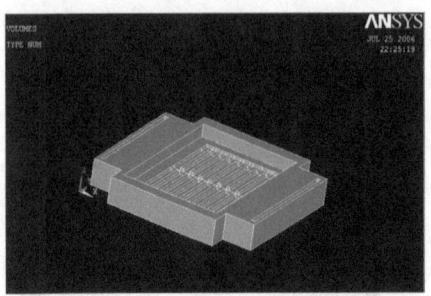

Figure 2-37 : Géométrie du caloduc à rainures créée sous ANSYS sans couvercle

Figure 2-38 : Résolution du problème de déformation 3D du caloduc à rainures

2.6. Conclusion

Ces modélisations mécaniques confirment que la structure nue (sans plots et sans rainures transversales) n'est pas viable. Elles confirment aussi que les deux structures étudiées (caloducs à plots et à rainures) répondent théoriquement aux contraintes imposées par le projet européen « Microcooling ». Une évaluation expérimentale doit maintenant être effectuée afin de valider les modélisations présentées dans ce chapitre et identifier les technologies de fabrication adaptées.

Nous avons à ce niveau du projet lancé la fabrication de quelques prototypes de caloducs frittés. Les étapes de fabrication de ces derniers ainsi que leurs performances thermiques seront présentées dans le Chapitre 3 qui suit.

Dans ce chapitre, nous avons pu identifier les paramètres principaux pour la conception et l'optimisation des démonstrateurs à caloducs, en respectant les conditions spécifiques du projet européen « Microcooling ».

Des modélisations des caloducs intégrés dans les substrats ont été effectuées en utilisant des logiciels appropriés. Les aspects hydraulique, thermique et mécanique des deux types de caloducs à réseau capillaire fritté ont été traités.

Des modèles hydraulique, thermique et mécanique ont été développés et ont permis d'estimer :

- la limite capillaire du réseau et d'en déduire la capacité de transport thermique de chaque type de caloduc,

- le comportement thermique des composants électroniques reportés sur les substrats,

- la déformation mécanique des parois du caloduc pour assurer un bon empilement des substrats dans le boîtier 3D.

Le chapitre suivant concerne la réalisation et la caractérisation des géométries retenues.

3. Chapitre : Réalisation et caractérisation expérimentale des prototypes de caloducs

3.1. Présentation des différents types de prototypes à réaliser

Le développement des caloducs intégrés dans les substrats électroniques a exigé l'évaluation de plusieurs facteurs, comme les processus de fabrication (conventionnels et nouveaux), la caractérisation de nouveaux matériaux et la conception efficace des caloducs. Dans le chapitre précédent, nous avons étudié et présenté deux familles de caloducs à poudre frittée – avec plots et avec des rainures frittées. Des technologies de fabrication adaptées ont été identifiées à l'issue du cahier de charge et des travaux présentés dans le chapitre précédent. Plusieurs prototypes ont été fabriqués et diverses expérimentations ont été réalisées. Dans ce chapitre, les différentes étapes de fabrication et les performances thermiques de ces prototypes seront présentées et analysées.

Ces dispositifs ont été développés et fabriqués dans le but de valider expérimentalement l'avantage de l'intégration de caloducs dans les substrats en H et de démontrer que cette solution est plus intéressante que les substrats en H en cuivre massif. Les caloducs sont utilisés pour accroître la conductivité thermique équivalente de ces substrats. D'une part, ils véhiculent la puissance dissipée vers les puits thermiques. D'autre part, ils peuvent permettre d'accroître la surface efficace (« spreading effect »).

Ces premiers prototypes ont pour objectif de déterminer le rapport optimum entre l'épaisseur du réseau capillaire et celle de l'espace vapeur, avant de commencer la fabrication des démonstrateurs finaux prévus dans le cadre du projet européen. Nous avons utilisé une épaisseur de paroi assez importante afin de s'affranchir des éventuelles déformations. Les principales caractéristiques technologiques des deux types de prototypes fabriqués, avec plots et avec rainures frittées, sont présentées dans le tableau ci-dessous:

Tableau 3.1 : Caractéristiques des caloducs étudiés

	Matériau	Epaisseur parois (h_p)	Epaisseur du réseau capillaire (h_l)	Epaisseur de l'espace vapeur (h_v)
Prototype 1 plots	Cuivre	0,8 mm	0,35 mm	0,3 mm
Prototype 2 plots	Cuivre	1 mm	0,29 mm	0,42 mm
Prototype 3 plots	Cuivre	1 mm	0,29 mm	0,42 mm
Prototype 4 rainures frittées	Cuivre	1 mm	200 µm - 1 mm	Rainures de 800 µmx2 mm

Les étapes de fabrication des caloducs à poudre métallique frittée sont présentées sur la **Figure 3-1**. Le développement des caloducs a été rendu complexe du fait de certaines incompatibilités entre les différentes étapes.

Tout d'abord, nous avons fabriqué l'enveloppe du caloduc. Cette enveloppe est composée de deux coquilles, que nous allons appeler demi-caloducs, qui sont assemblées par la suite. L'étape suivante consistait à déposer le réseau capillaire et à l'oxyder afin d'améliorer le mouillage avec le fluide. Ensuite, les caloducs ont été assemblés hermétiquement (collage, brasure, soudure …) et mis sous vide. Enfin, ils ont été chargés avec de l'eau pure. Nous détaillerons par la suite chacune de ces étapes.

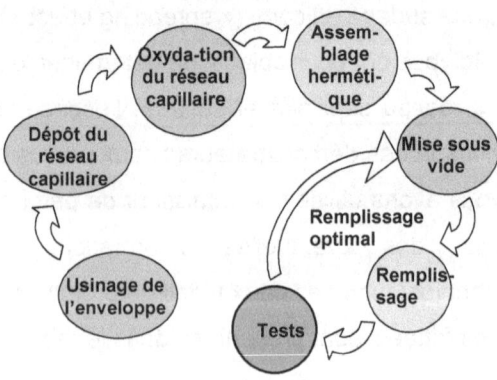

Figure 3-1 : Etapes de développement d'un caloduc à poudre métallique frittée

Les deux familles de caloducs, qui seront présentées ci-dessous, sont conçues pour valider l'intérêt des caloducs intégrés dans les substrats empilés. Nous les appellerons donc prototypes. Ils permettent une étude de base pour le développement des substrats double face à caloducs utilisés dans le boîtier 3D. Ils nous ont également permis de valider les modélisations effectuées (**réf. Chapitre 2**).

3.1.1. Caloducs à plots

Les caloducs développés contiennent un réseau capillaire fritté et des plots de renforts.

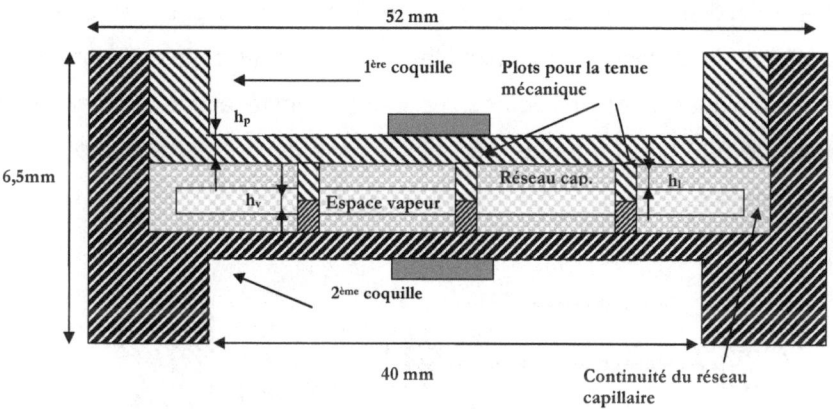

Figure 3-2 : Prototype de caloduc à plots

Il s'agit de caloducs en cuivre. Les dimensions externes des prototypes sont de 52 mm*40 mm*6,5 mm. Ces premiers prototypes sont plus étroits que les substrats d'origine, car les ouvertures sur les côtés prévues pour les interconnexions verticales (réf. : Chapitre 1, Figure 1) n'ont pas été inclues, du fait qu'elles n'influencent pas le fonctionnement des caloducs et ceci afin de faciliter l'usinage. Le réseau capillaire constitué de poudre de cuivre frittée tapisse les parois internes. Les prototypes contiennent également des plots entre les parois pour assurer une meilleure tenue mécanique lorsque la pression interne est inférieure à la pression externe. L'inconvénient de ces plots est le fait qu'ils diminuent le volume de réseau capillaire et de vapeur. Pour cette raison, nous avons conçu une autre géométrie – les caloducs à rainures frittées.

3.1.2. Caloduc à rainures frittées

La seconde famille de prototypes, qui a été étudiée, a été conçue avec des rainures usinées dans la structure poreuse frittée. La conception de cette structure capillaire est intéressante parce que l'espace pour la vapeur est plus grand, la présence des plots est évitée et ainsi les performances hydrodynamiques sont améliorées. Le caloduc testé a une profondeur de rainures de 800 µm. La tenue mécanique dans ce cas est assurée par les rainures frittées.

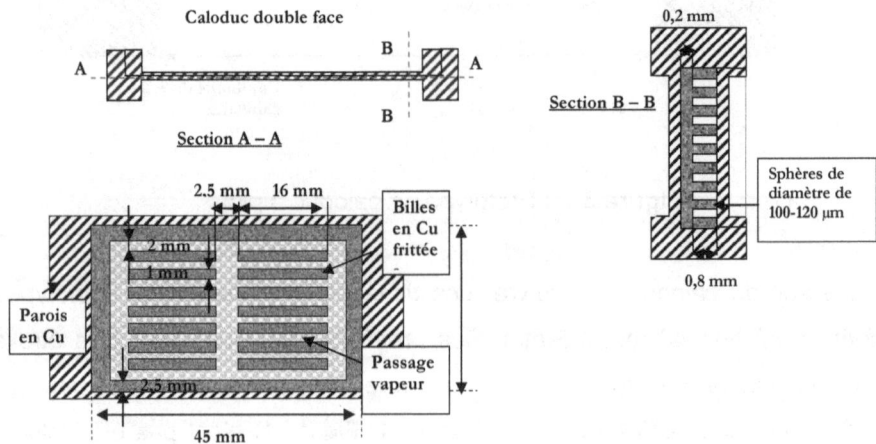

Figure 3-3 : Prototype de caloduc à rainures frittées

Par la suite nous allons présenter les étapes de fabrication des prototypes à caloducs mentionnées à la **Figure 3-1**.

3.2. Fabrication de l'enveloppe

Figure 3-4 : Enveloppe du caloduc à plots (deux demi caloducs) + tuyau de remplissage

Le corps du caloduc est constitué de deux coquilles (demi-caloducs). Chaque coquille contient 8 plots, comme nous l'avons défini dans le Chapitre 2, qui servent à renforcer les parois et à éviter les éventuelles déformations dues à la différence de pression (extérieur - intérieur du caloduc). La hauteur des plots sur chaque paroi est de 0,5 mm et leur forme est carrée.

La meilleure solution serait d'avoir des plots de forme ronde mais ce n'est pas réalisable techniquement.

Pour gêner au minimum les écoulements liquide et vapeur les carrés sont tournés de sorte que les angles soient dans la direction des écoulements. Un tuyau est également fabriqué pour évacuer et remplir le caloduc.

L'enveloppe du prototype à rainures est réalisée de la même manière que celle du caloduc à plots. La seule différence est l'absence des plots entre les deux demi caloducs.

Il est à noter que le caloduc est réalisé à partir de deux coquilles et de ce fait une résistance de contact sera présente entre elles. Afin de diminuer son effet, les surfaces de coquilles étaient usinés avec une grande précision (tolérence<5/100mm). Pour les caloducs finaux les deux coquilles seront également soudées entre elles afin d'assurer une conduction optimale entre elles.

3.3. Réalisation du réseau capillaire

L'étape suivante est le dépôt du réseau capillaire. Ce dernier est constitué de poudre de cuivre frittée sur les demi-caloducs. Le frittage est un procédé qui consiste à chauffer la poudre sans l'amener jusqu'à la fusion. Sous l'effet de la chaleur, les billes de cuivre se soudent entre elles. L'opération de frittage a été effectuée par le laboratoire GPM2. La granulométrie des billes utilisées dans notre cas est de 80 − 100 µm (caloducs à plots) ou bien de 100 − 120 µm (caloducs à rainures). La morphologie des poudres est sensiblement sphérique. Le réseau capillaire ainsi obtenu ayant un faible diamètre de pore, la pression capillaire de ce type de réseaux capillaires est très importante. Ce type de réseaux capillaire est caractérisé également par une bonne conductivité thermique [**LOH**].

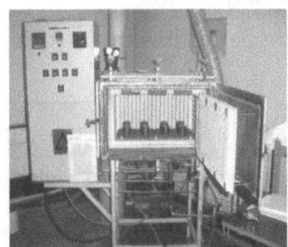 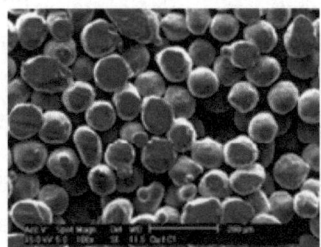

Figure 3-5 : Four de frittage DELTECH   **Figure 3-6 :** Billes en cuivre frittées (80-100 µm de diamètre)

Le frittage s'effectue à une température de 950 au 1000 °C dans un four DELTECH (**Figure 3-5**). La **Figure 3-6** montre un exemple de réseau capillaire obtenu par cette méthode. La porosité du réseau capillaire fritté est d'environ 0,35 %.

3.3.1. Réseau capillaire des prototypes à plots

Nous avons défini précédemment l'épaisseur du réseau capillaire des prototypes à plots sur chaque demi-caloduc (**Tableau 3.1**). Certaines difficultés ont été rencontrées pendant sa réalisation. Il a fallu tout d'abord assurer la continuité du réseau capillaire entre les demi-caloducs afin de faciliter la circulation du fluide caloporteur (**Figure 3-2**). Les rebords du réseau capillaire ont été réalisés dans des préformes séparées et ont ensuite été refrittés dans les demi-caloducs. Des difficultés de réalisation liées aux épaisseurs non constantes du réseau capillaire ont également été rencontrées. Le réseau capillaire était à certains endroits plus épais qu'à d'autres et, en conséquence, l'espace prévu pour le passage de la vapeur était assez réduit. C'est pourquoi, afin de contourner le problème de la surépaisseur du réseau capillaire, nous avons tenté d'usiner ce dernier avec une fraise pour obtenir la même épaisseur partout. Le micro-usinage est un procédé assez délicat mais il a donné de bons résultats. Le réseau capillaire obtenu après frittage est solide. Le contact entre les billes est assez stable et pendant l'usinage, elles n'ont pas été arrachées. Nous pouvons voir sur la **Figure 3-7a)** que certaines billes ont été coupées mais qu'elles restent toujours soudées les unes aux autres. Les demi-caloducs à plots avec le réseau capillaire déjà fritté sont illustrés sur la **Figure 3-7b)**.

Nous avons réalisé plusieurs prototypes à caloducs avec différentes épaisseurs de réseau capillaire afin d'étudier expérimentalement l'influence de l'épaisseur sur les performances thermiques du caloduc et de valider le modèle présenté dans le Chapitre 2.

3.3.2. Réseau capillaire du prototype à rainures

Le dépôt du réseau capillaire de ce prototype a presque suivi le même déroulement. La cavité intérieure du dispositif (hauteur de 1 mm) entre les deux demi-caloducs a été remplie de sphères de cuivre (de diamètre de 100 – 120 µm) qui ont été frittées. Des canaux longitudinaux, de largeur 2 mm, ont ensuite été usinés dans la structure poreuse frittée. Ils n'ont pas été usinés jusqu'au fond de la cavité. Deux couches de billes frittées ont été laissées au fond pour assurer le retour du fluide du condenseur vers l'évaporateur et entre les rainures (**Figure 3-3**). La largeur des ailettes est de 1 mm. Ce micro-usinage nécessite un outillage fin et un savoir-faire spécifique car l'opération est très délicate. Les canaux longitudinaux, qui servent pour le passage de la vapeur, ont été reliés entre eux pour assurer une meilleure distribution de la vapeur. Sur la **Figure 3-7c)** est représenté le réseau capillaire fritté à rainures.

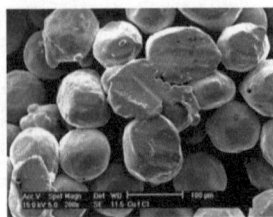 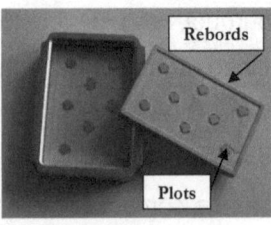 

Figure 3-7 : a) Billes frittées après usinage   **b)** Demi caloducs à plots après frittage   **c)** Demi caloduc à rainures après frittage et réusinage

3.3.3. Propriétés du cuivre après frittage

Comme nous l'avons déjà mentionné plus haut, le frittage s'effectue à des températures proches de la température de fusion du cuivre (1063 °C). A cette température, le cuivre se recuit. Le recuit s'effectue à partir de températures de l'ordre de 375 à 650 °C. Le cuivre recuit perd en partie sa dureté et il est donc beaucoup plus mou. Comme l'épaisseur des substrats en H réels est de 1,8 mm et que l'espace prévu pour l'espace vapeur et pour le réseau capillaire est de 1 mm, il reste que 0,4 mm comme épaisseur de parois des caloducs. Ceci est contraignant car une paroi de 0,4 mm en cuivre recuit risque de se déformer fortement sous l'effet de la différence de pression entre l'intérieur et l'extérieur du caloduc.

3.4. Oxydation du réseau capillaire

Le mouillage de la structure capillaire d'un caloduc par le fluide caloporteur est très important car il influe directement sur la remontée capillaire. Afin de caractériser ce mouillage, on utilise généralement la notion d'angle de contact (θ). Il s'agit de l'angle que fait le ménisque avec la paroi du réseau capillaire (**Figure 3-8**). La détermination du terme exprimant la pression capillaire maximale d'un réseau capillaire nécessite la connaissance précise de l'angle de mouillage minimal θ_{min} qui est caractéristique de la nature de la paroi et de celle du fluide. Si cet angle est supérieur à 90°, la surface est dite hydrophobe. Dans ce cas là, le caloduc ne peut pas fonctionner. [**ZAMPINO**]

$$P_{cap,max} = \frac{2\sigma}{r_{eff}} \cos\theta \qquad \qquad \textbf{Équation 3.1}$$

avec $P_{cap,max}$ la pression capillaire (Pa), r_{cap} le rayon capillaire (m) et σ la tension de surface (N/m).

Lors du fonctionnement d'un caloduc, l'angle θ varie le long du réseau capillaire. Il est plus faible au niveau de l'évaporateur et plus élevé au niveau du condenseur comme le montre la **Figure 3-8**. C'est cette évolution de l'angle de contact donc du rayon de courbure de l'interface liquide-vapeur qui engendre une variation de pression dans le réseau capillaire et donc qui permet le déplacement du fluide.

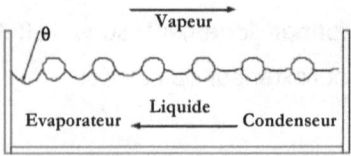

Figure 3-8 : Variation de l'angle de contact le long d'un caloduc

Dans notre cas, la forte énergie de surface du cuivre devrait en principe conduire à un bon mouillage par l'eau, mais la surface du métal est très sensible au phénomène d'adsorption et l'angle de mouillage peut varier fortement suivant les conditions opératoires. Le traitement de surface du réseau capillaire par oxydation a un effet stabilisateur en rendant la surface moins sensible à l'adsorption de gaz. Le but est d'améliorer le mouillage du réseau capillaire avec le fluide caloporteur (dans notre cas de l'eau). En augmentant la force d'adhésion du fluide sur les sphères métalliques, le pompage capillaire est amélioré.

Parmi des méthodes d'oxydation du cuivre, l'oxydation chimique a été choisie car il est possible de l'effectuer sans équipement spécifique. Les demi-caloducs avec la structure poreuse sont préalablement dégraissés et décapés pour rendre leurs surfaces physiquement propres afin d'assurer le bon déroulement de l'opération ultérieure – l'oxydation. Les deux-demi caloducs ont été introduits dans une solution chimique à 40 °C pendant quelques heures. [**AVENAS-1**] décrit les étapes de la méthode d'oxydation chimique choisie. Grâce à ce procédé, les billes frittées ont été recouvertes d'une fine couche, qui est de l'ordre de 2-3 µm d'oxyde de cuivre.

Figure 3-9 : Les billes en cuivre frittées après oxydation

La **Figure 3-9** montre les billes frittées après l'oxydation chimique. La remontée capillaire après l'oxydation est bien améliorée. [**AVENAS-1**] donne des valeurs moyennes des angles de contact entre l'eau et cuivre avant oxydation (87°) et après l'oxydation chimique (24°).

3.5. Assemblage

L'assemblage des pièces du caloduc inclut la soudure ou le collage des demi caloducs et du tube de remplissage. Les premiers prototypes ont été collés. C'était une solution provisoire pour les essais.

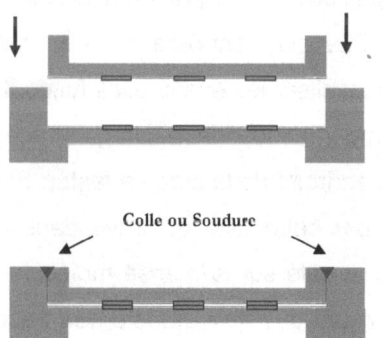

Figure 3-10 : Assemblage des deux demi caloducs

En ce qui concerne l'assemblage hermétique des prototypes finaux, nous avons étudié des solutions comme le brasage et le soudage. Dans le cas de brasure, il y a un apport de nouveaux matériaux qui pourront éventuellement réagir chimiquement avec le fluide à l'intérieur du caloduc. Dans le cas des mini-caloducs, la présence de gaz incondensables est un problème majeur, qui affecte significativement leurs performances.

Concernant la soudure, elle est très difficile à réaliser pour le cuivre. Ainsi, nous avons proposé une soudure par faisceau d'électrons (bombardement électronique). Ce dernier est un procédé de soudage par fusion, caractérisé par une très forte densité d'énergie aux points d'impact des électrons et par un coefficient maximum de transmission de l'énergie cinétique de ces électrons en énergie thermique dans la matière. Il est d'autant plus intéressant car sans aucun apport de métal ni d'alliage de brasage, une liaison, dont les caractéristiques mécaniques sont comparables à celles du métal de base, est réalisée. La forte conductivité thermique du cuivre requiert un apport thermique puissant et concentré permettant de réaliser et d'entretenir une fusion locale du métal malgré les pertes thermiques par conduction. Le soudage par faisceau d'électrons s'effectuant sous vide, les pertes thermiques par convection sont négligeables et la transmission d'énergie des électrons au matériau, excellent conducteur électrique, est parfaite. Ainsi, le faisceau d'électrons permet de souder par fusion bord à bord, en une seule passe. [**CAZES**] [**MONNEAU**]

3.6. Contrôle d'étanchéité

Une fois que le caloduc est assemblé par collage ou par bombardement électronique, son étanchéité est testée. Elle est contrôlée à l'aide d'un détecteur de fuites à hélium, qui permet de localiser les éventuelles fuites. La pièce à tester est reliée à un groupe de pompage secondaire. Un gaz traceur (hélium) est aspiré à l'extérieur à différents endroits de la pièce à tester. Si la pièce comporte une fuite, l'hélium passe par cette fuite et arrive dans un spectromètre de masse. Le spectromètre est calé sur la masse moléculaire de l'hélium et donne un signal sonore ou visuel dès qu'il détecte des traces d'hélium.

3.7. Dégazage et remplissage

La propreté de l'enveloppe du caloduc et la pureté du fluide caloporteur n'excluent pas qu'ils contiennent des gaz (dissous dans le liquide ou occlus dans l'enveloppe). Ces gaz se dégagent au cours du fonctionnement du caloduc et viennent bloquer plus ou moins complètement le transfert de chaleur au condenseur ; il faut donc les éliminer avant le remplissage du caloduc.

Le dégazage et le remplissage ont donc une grande influence sur les performances du caloduc. L'enveloppe et le fluide caloporteur doivent être dégazés très soigneusement et le remplissage doit être fait avec une grande précision pour éliminer toute trace de gaz incondensables.

3.7.1. Mise sous vide

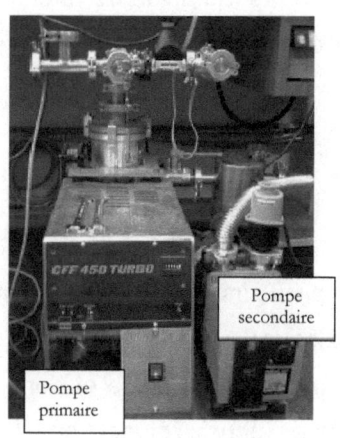

Cette étape a pour but d'éliminer les impuretés présentes dans le caloduc et le tuyau de remplissage.

Le groupe de pompage comporte deux pompes à vide – primaire et secondaire (

Figure 3-11). La pompe primaire est une pompe à palettes. Elle permet d'obtenir un vide de l'ordre de 10^{-3} mbar.

Figure 3-11 : Mise sous vide du caloduc

La pompe secondaire est de type turbo moléculaire. Elle permet d'atteindre des valeurs de 10^{-6} mbar. Afin d'obtenir un bon dégazage, la mise sous vide dure plusieurs heures.

3.7.2. Purification du fluide

Le fonctionnement du caloduc équivaut à une distillation permanente du fluide interne, il faut donc que ce fluide soit parfaitement pur pour éviter toute séparation en plusieurs composants, ce qui altérerait l'uniformité de la température du caloduc. Il faut également que le fluide soit exempt de traces de corps catalyseurs de corrosion ou de décomposition chimique. Par conséquent, le fluide caloporteur doit être le plus pur possible. Le processus de purification est propre à chaque fluide et il comporte souvent une ou plusieurs distillations.

Nous avons employé une des procédures les plus simples– distillation par ébullition [**BRICARD**]. Le fluide (eau) est disposé dans le ballon en verre et porté à l'ébullition par l'intermédiaire de la plaque chauffante sous le ballon. Le fluide commence à bouillir et à s'évaporer. Les gaz incondensables se libèrent à l'extérieur. Afin de récupérer le fluide, un réfrigérant, où circule de l'eau à une température beaucoup plus faible permet au fluide de retourner dans le réservoir par gravité. L'eau est distillée pendant quelques heures avant d'être injectée dans le caloduc.

3.7.3. Remplissage du caloduc

Les études expérimentales effectuées par plusieurs auteurs ([**AVENAS-1**][**BRICARD**][**IVANOVA-1**]) sur les mini-caloducs montrent que leurs performances sont extrêmement sensibles à la charge en fluide et donc le remplissage est d'une extrême importance pour l'étude de leur fonctionnement. La quantité de liquide à introduire dans les caloducs considérés est faible (quelques dizaines de milligrammes) à cause de leurs volumes internes faibles. Ceci rend le processus de remplissage difficile, puisque une petite variation de quantité de fluide peut perturber le fonctionnement du caloduc. Il est nécessaire de connaître parfaitement la charge de fluide introduit et de s'assurer que ce fluide ne contient aucun gaz (dans le cas parfait) qui diminuerait les performances du caloduc.

[PETERSON-1] a utilisé une méthode de remplissage qui consiste à remplir le caloduc par capillarité en le mettant en contact avec un réservoir de fluide à l'état liquide avant d'être fermé. Le caloduc est placé dans une enceinte sous vide contenant une certaine quantité de fluide. Le réseau capillaire du caloduc aspire du liquide jusqu'au moment où il est saturé.

La technique la plus simple consiste à introduire le fluide à l'état liquide ou solide dans l'enveloppe. Cette technique a l'inconvénient d'un contrôle imprécis de la quantité de fluide restant dans le caloduc après fermeture et surtout ne permet pas éliminer tout à fait complètement l'air du caloduc et des traces d'oxygène peuvent diminuer la durée de vie de caloduc.

La technique la plus élaborée consiste à faire le transfert du fluide dans le caloduc sous vide après dégazage de l'enveloppe et du fluide, et sans rupture du vide entre les diverses opérations.

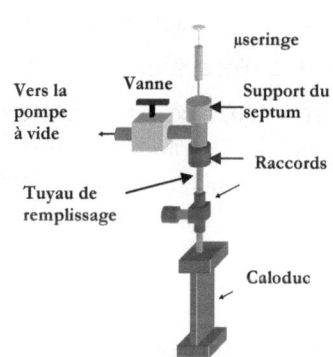

Figure 3-12 : Dispositif de remplissage

[AVENAS-1], [IVANOVA-2] et [PANDRAUD] ont rempli des caloducs avec des microseringues graduées. Nous avons utilisé cette dernière technique pour sa précision. Ainsi, la technique de remplissage choisie consiste à introduire le fluide à l'état liquide dans l'enveloppe du caloduc en utilisant une microseringue graduée, puis à chasser l'air par un échauffement local suffisamment prolongé avant la fermeture.

Pendant l'injection du fluide, la vanne, qui relie le caloduc à la pompe à vide, est fermée. Le principe de fonctionnement de notre dispositif de remplissage est représenté sur la **Figure 3-12**. L'aiguille de la seringue est introduite au tuyau de remplissage en piquant un septum (**Figure 3-13**). La quantité de fluide optimale est celle avec laquelle le caloduc fonctionne le mieux. Son ordre de grandeur est déterminé à partir des dimensions géométriques du mini-caloduc et de sa structure capillaire.

Figure 3-13 : Injection du fluide caloporteur avec une micro-seringue

Plusieurs essais avec différents taux de remplissage sont effectués pour trouver la quantité optimale pour laquelle le caloduc aura une résistance thermique effective la plus basse. **[POPOVA-1]**

Une fois que le caloduc est rempli, le tuyau de remplissage est fermé par une vanne. Avant d'être utilisé, le caloduc doit être scellé pour isoler le fluide du milieu extérieur et pour ne pas permettre aux gaz incondensables de pénétrer dans le caloduc.

La fermeture finale du caloduc se fait en général par queusotage du tuyau de remplissage. Le queusotage est effectué par une pince à queusoter qui pince et coupe le tuyau. L'extrémité du queusot est ensuite collée ou brasée pour assurer une meilleure étanchéité. **[BENSON-2]**

3.8. Banc d'essais

L'objectif principal du montage expérimental est de caractériser les performances thermiques des caloducs étudiés, de fournir des données qui aideront à optimiser le design des caloducs et de valider les méthodes de fabrication utilisées.

Le montage a été réalisé de sorte qu'il permette d'étudier les caloducs sous les conditions de fonctionnement typiques – évaporateur d'un côté et condenseur de l'autre (**Figure 3-14**). Les conditions de fonctionnement sont imposées à l'évaporateur par une résistance en silicium de 37 Ω et au condenseur par une plaque à eau en cuivre. La résistance chauffante (l'évaporateur), dont la surface est de 10x10 mm², est collée à la paroi du caloduc. Elle est commandée par une alimentation à tension variable afin d'appliquer différentes puissances. Les puissances appliquées varient de 10 à 50 W. L'autre extrémité du caloduc est fixée sur une plaque à circulation forcée d'eau en cuivre par l'intermédiaire d'une graisse thermique et forme ainsi le condenseur. La circulation d'eau est fournie par un bain à circulation thermostaté à température régulée qui permet de faire fonctionner le caloduc à différentes températures.

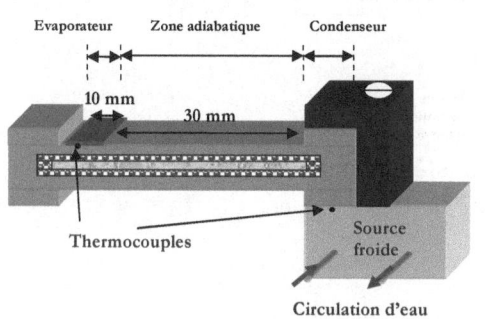

Figure 3-14 : Banc d'essais et disposition des thermocouples

Pour connaître l'évolution de certaines températures, deux thermocouples de type E (nickel - chrome / cuivre – nickel) ont été utilisés. Un thermocouple est déposé dans une rainure usinée dans le caloduc et sous le composant chauffant afin de mesurer la température de paroi du caloduc au niveau de l'évaporateur sans prendre en compte la résistance thermique de contact due à la colle. Un autre thermocouple est utilisé pour mesurer la température à l'interface entre le caloduc et le condenseur. Il est fixé dans une rainure usinée sur la source froide. Les valeurs de température de l'évaporateur et du condenseur sont visualisées en temps réel, ce qui permet de contrôler les changements brusques de température et de vérifier si le régime établi est atteint et de contrôler les réponses lors des changements de conditions expérimentales. L'acquisition de ces températures est effectuée par une centrale de mesure.

Le banc d'essais réalisé pour caractériser les performances thermiques du caloduc est présenté sur la **Figure 3-15**. La distribution de température le long du caloduc est également observée, à l'aide d'une caméra infrarouge.

Elle permet de visualiser si le caloduc fonctionne (température quasi-uniforme sur la zone adiabatique).

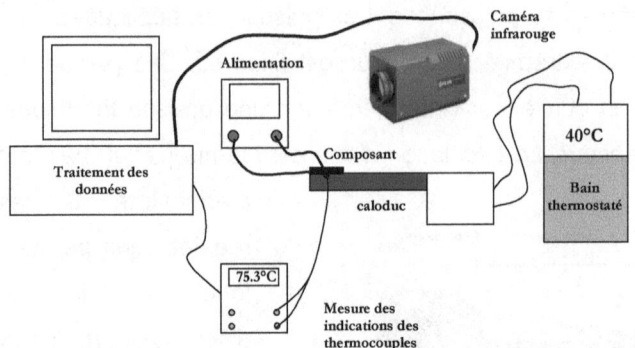

Figure 3-15 : Schéma des éléments principaux du banc expérimental

3.9. Résultats expérimentaux

Les essais thermiques ont pour but de déterminer la résistance thermique, les conditions optimales de fonctionnement et le comportement du caloduc en fonction du flux de chaleur imposé. Nous avons effectué une série de tests, pour étudier les performances thermiques du caloduc, qui inclut :

- essai d'un caloduc vide,
- essai d'un substrat en cuivre avec les mêmes dimensions,
- essais du caloduc avec différentes quantités de fluide.

Nous avons estimé les pertes en convection et en rayonnement. Les pertes par convection varient entre 1.7 et 2 W en fonction du gradient de température entre l'évaporateur et l'ambiant et les pertes par rayonnement calculées avec une émissivité de 0.95 varient entre 1.5 et 2.4 W pour de températures au niveau de l'évaporateur entre 70 et 100 ℃. Les pertes totales sont de l'ordre de 4 W et, pour cette raison, nous commençons les essais à partir d'une puissance de 10 W. Certains auteurs (ex.

[YAMAMOTO]) isolent le caloduc du milieu ambiant afin de diminuer les pertes par rayonnement et par convection.

3.9.1. Mesures et tests du fonctionnement du caloduc à plots

De nombreux tests ont été effectués sur le premier caloduc à plots. La première étape de cette étude était d'examiner le fonctionnement du caloduc à poudre métallique sans fluide caloporteur. Dans ce cas, le transfert de chaleur entre la source chaude (le composant) et la source froide (le condenseur) n'est que de la conduction dans les parois du dispositif. Lorsque le caloduc est rempli et fermé, une série de mesures de température pour différentes puissances imposées au composant est effectuée. Quand le caloduc fonctionne, il y a une différence de température très faible entre la zone d'évaporation (source chaude) et la zone de condensation (source froide). Le caloduc joue alors le rôle de «court-circuit thermique». Les images infrarouges donnent la distribution de température sur la surface du caloduc pour des puissances données.

Par la suite, nous présenterons seulement quelques résultats significatifs sur l'apport du caloduc à plots pour le refroidissement de composants électroniques par rapport à un substrat en H en cuivre massif.

3.9.1.1. Comparaison entre caloduc vide, rempli et cuivre massif

L'évaluation la plus rapide du fonctionnement du caloduc est la comparaison entre un caloduc vide et un caloduc rempli. Il est important de noter que le caloduc vide a une section transversale moins élevée qu'un substrat en cuivre massif. Il est donc important de comparer le caloduc rempli avec un substrat métallique plein afin de montrer l'apport du caloduc.

Avec la caméra infrarouge, nous pouvons également vérifier le fonctionnement du caloduc. S'il fonctionne, nous constatons que la température est quasiment uniforme le long de la zone adiabatique. [AVENAS-3] [POPOVA-1]

La **Figure 3-16** permet de comparer l'évolution de la température le long d'une ligne de mesure dans le cas où le caloduc est vide avec une puissance au niveau du composant de 18,5 W et dans le cas où il est rempli avec 580 µl d'eau pure. La température de la plaque à eau est alors de 40°C. Les échanges au niveau du condenseur ne sont pas visibles sur l'image car le refroidissement est effectué en face arrière (**Figure 3-14**). A gauche, nous voyons des images infrarouges du caloduc vide (en haut) et rempli (en bas), et à droite la distribution de la température le long de la surface du caloduc pour les deux cas.

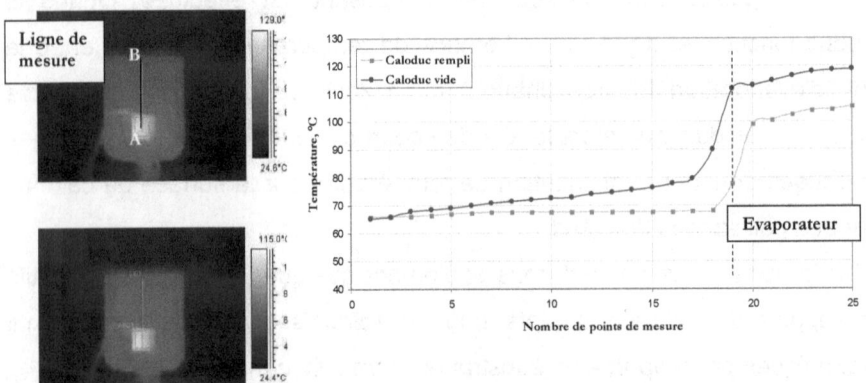

Figure 3-16 : Distribution de la température le long du caloduc lorsqu'il est vide et lorsqu'il est rempli (580µl) pour une puissance de 18,5 W

La distribution de la température est relativement uniforme (zone adiabatique), entre le composant chauffant et la source froide quand le caloduc est rempli, avec une élévation rapide de la température à proximité de l'évaporateur. Cela est en partie dû à la résistance thermique de contact de la colle, entre la paroi du caloduc et le composant, qui est un conducteur thermique médiocre (environ 3 W/mK). Les indications des thermocouples pour le caloduc rempli et pour le caloduc vide sont respectivement de 78 et de 91 °C (pour 18,5 W de puissance appliquée et pour 40°C de l'eau circulant dans la source froide). Nous pouvons donc remarquer l'importante résistance de contact entre le composant et la paroi du caloduc en comparant ces valeurs aux températures mesurées par la caméra infrarouge (**Figure 3-16**).

La résistance thermique du caloduc et/ou sa conductivité thermique équivalente sont souvent utilisées pour quantifier ses performances. En utilisant les températures mesurées par les thermocouples, nous pouvons calculer la résistance thermique du caloduc étudié (**Équation 3.2**). A cause de la forme particulière du substrat (forme en H) la résistance thermique ne sera pas très représentative de l'efficacité du caloduc. C'est pourquoi nous utilisons la spreading résistance (ou la résistance de propagation) mesurée à partir des deux points de températures montrés sur la **Figure 3-17**. Elle caractérise la dispersion du flux à l'intérieur du matériau. La spreading résistance est calculée à partir de la différence de température entre l'évaporateur et la fin de la zone adiabatique (**Équation 3.3**).

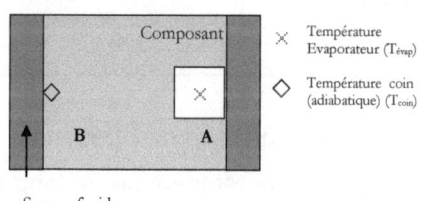

Figure 3-17 : Vue de dessus du caloduc

$$R_{th} = \frac{T_{\text{évap}} - T_{\text{source\_fr}}}{Q}$$ **Équation 3.2**

$$R_{spreading} = \frac{T_{\text{évap}} - T_{coin}}{Q}$$ **Équation 3.3**

Si nous considérons toujours le même exemple, la différence de température entre les points A et B est d'environ 13°C pour le caloduc rempli, tandis que pour le caloduc vide, elle est d'environ 25 ℃. Ceci correspond à une réduction de la résistance de propagation du caloduc opératoire d'un rapport de 2 par rapport au caloduc vide. Nous avons également testé un substrat en H en cuivre massif avec les mêmes dimensions que le caloduc. Les différentes valeurs de résistances thermiques pour le substrat en cuivre et pour le caloduc vide sont présentées dans le **Tableau 3.2**. Les valeurs des résistances thermiques pour le caloduc rempli ne sont pas indiquées car elles changent selon le remplissage et la puissance injectée. Nous allons montrer cela par la suite.

Tableau 3.2 : Tableau de synthèse

	Résistance thermique, W/(mK)	Spreading résistance, W/(mK)
Cuivre massif	1,27	1,06
Caloduc vide	2,1	1,4

L'apport du caloduc par rapport à un substrat en cuivre est présenté sur la **Figure 3-18**, où l'évolution de la température le long de la ligne de mesure est comparée dans les deux cas. La puissance au niveau du composant est de 15 W et la température de l'eau de refroidissement est de 40℃.

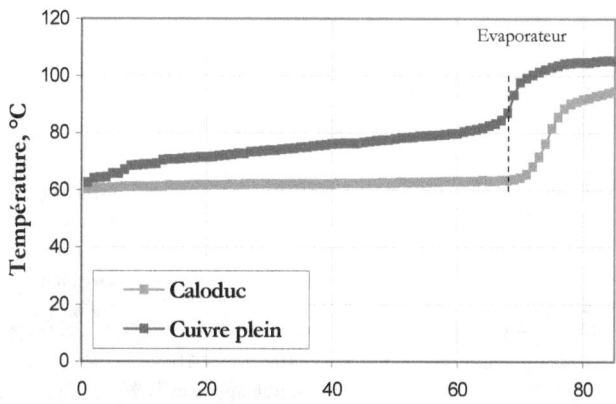

Figure 3-18 : Distribution de la température à la surface d'un caloduc rempli avec 550 µl et d'un substrat en cuivre (puissance de 15 W)

La température du composant dans le cas du caloduc est d'environ de 10 ℃ plus basse que celle du cuivre massif. L'absciss e 0 mm correspond à la limite entre la zone adiabatique et la source froide (point B).

Nous allons par la suite étudier l'influence des conditions de fonctionnement, comme la puissance injectée et les différents remplissages, sur le fonctionnement du caloduc.

3.9.1.2. Influence des conditions de fonctionnement

Il est possible, pour chaque quantité de remplissage, d'étudier les performances du caloduc en fonction de la température de la source froide et du flux de chaleur au niveau de la source chaude [**AVENAS-2**]. Pour comparer les performances du caloduc en fonction de la quantité de fluide injecté nous tracerons l'évolution de la température du composant et de la spreading résistance en fonction de la puissance injectée sur la **Figure 3-19**.

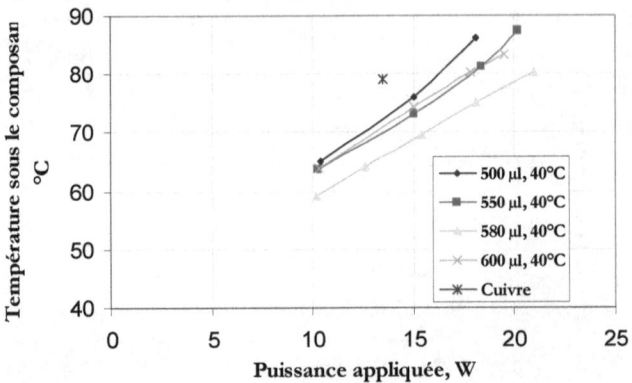

Figure 3-19 : Évolution de la température du composant chauffant
en fonction des différents remplissages et puissances (T de la source
froide est de 40℃)

Après la série de mesures effectuée pour des quantités de remplissage
différentes, nous avons conclu que le caloduc fonctionne de manière
optimale pour un remplissage d'autour de 580 µl d'eau injectée. Sur la figure
suivante sont représentées les évolutions de la spreading résistance du
caloduc à plots pour les différents remplissages.

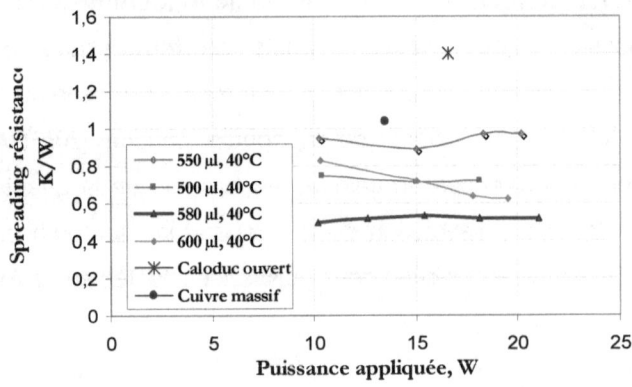

Figure 3-20 : Évolution de la spreading résistance en fonction de la
puissance (T de la source froide est de 40 ℃)

La spreading résistance du caloduc, comme la résistance thermique, évolue en fonction de la puissance. En règle générale, elle diminue généralement avec l'augmentation de la puissance jusqu'au moment, où le caloduc devient moins efficace (sa résistance thermique commence à monter), c'est à dire il a atteint sa limite capillaire. Comme nous pouvons le voir sur la **Figure 3-20**, nous n'avons pas pu atteindre de limite de fonctionnement du caloduc car la température du composant était devenue trop élevée.

La spreading résistance du caloduc la plus basse que nous avons pu mesurer était de 0,5 K/W, ce qui représente une diminution d'un rapport de presque 2 par rapport au cuivre massif et 3 par rapport à un caloduc vide.

Les résultats des expérimentations avec ce premier caloduc étaient encourageants. Deux autres caloducs à plots ont été fabriqués par la suite avec une hauteur de l'espace vapeur plus élevée, de l'ordre de 400 μm, et en conséquence une épaisseur du réseau capillaire plus faible (290 μm de chaque côté). Le premier de ces nouveaux caloducs à plots (prototype 2) n'a pas été bien oxydé et il a montré un fonctionnement médiocre. Son réseau capillaire après l'oxydation est montré sur la figure suivante :

Figure 3-21 : Réseau capillaire mal oxydé d'un suivant prototype de caloduc à plots

Le réseau capillaire bien oxydé est montré sur la **Figure 3-9**. Il est plus cotonneux, ce qui le rend plus hydrophile.

Un deuxième prototype de mêmes dimensions (Prototype 3) a été fabriqué. Son meilleur fonctionnement a été obtenu avec un remplissage de 600 µl et sa spreading résistance varie entre 0,6 et 0,8 K/W pour des puissances entre 10 et 25 W. Ce prototype a validé le fonctionnement du caloduc à plots mais son fonctionnement n'a pas été meilleur que celui du premier prototype présenté.

Le caloduc à plots (prototype 1) est actuellement étudié plus en détails au sein de la thèse de Lora Kamenova effectuée dans le laboratoire. Un banc d'essai amélioré a été fabriqué et d'autres composants électroniques ont été montés sur le caloduc, ce qui a permis de monter plus en puissance et d'effectuer une étude de sensibilité thermique plus approfondie. Au cours de cette étude expérimentale, la limite capillaire du caloduc a été trouvée pour certains remplissages ou températures de fonctionnement [**KAMENOVA**]. Pour 30 °C de température de refroidissement (source froide) et 65 °C au niveau de la zone adiabatique, la limite capillaire du caloduc a été atteinte pour 63 W. La limite capillaire trouvée avec les modélisations, sans prendre en compte les présences des plots, a été d'environ 75 W (Chapitre 2, **paragraphe 2.3.4.3.**) et lorsque la présence des plots est prise en compte, elle était de 69 W.

La limite capillaire du caloduc à plots, tout d'abord trouvée en simulation et ensuite validée expérimentalement, est presque deux fois plus élevée de la puissance à évacuer, exigée par le projet européen (34 W pour le substrat double face). Avec ce premier caloduc à plots, dont le fonctionnement a été très satisfaisant, nous pouvons déjà conclure que nous pouvons réaliser des caloducs répondant au cahier des charges du projet.

Nous allons étudier par la suite le caloduc à rainures que nous avons précédemment présenté.

3.9.2. Mesures et tests de fonctionnement du caloduc à rainures frittées

Le caloduc à rainures frittées a été testé suivant le même mode opératoire que celui à plots (**paragraphe 3.9.1**). Des essais expérimentaux ont été effectués afin d'évaluer les performances thermiques de ce prototype dans des conditions de fonctionnement typiques (source de chaleur à une extrémité du caloduc et source froide à l'autre extrémité). L'évaporateur (le composant) et le condenseur étaient positionnés de deux côtés opposés du caloduc comme dans le cas du caloduc à plots, ce qui permet d'avoir une zone adiabatique la plus longue possible (pire cas au niveau hydraulique).

3.9.2.1. Comparaison entre caloduc vide, caloduc rempli et cuivre massif

Après avoir calculé le volume total du réseau capillaire, qui est plus faible que celui du caloduc à plots, nous avons estimé la quantité approximative de fluide à injecter. Sur la **Figure 3-22** sont illustrées les évolutions des profils de température le long du caloduc vide et rempli de 330 μl d'eau pure. La puissance appliquée est de 17 W.

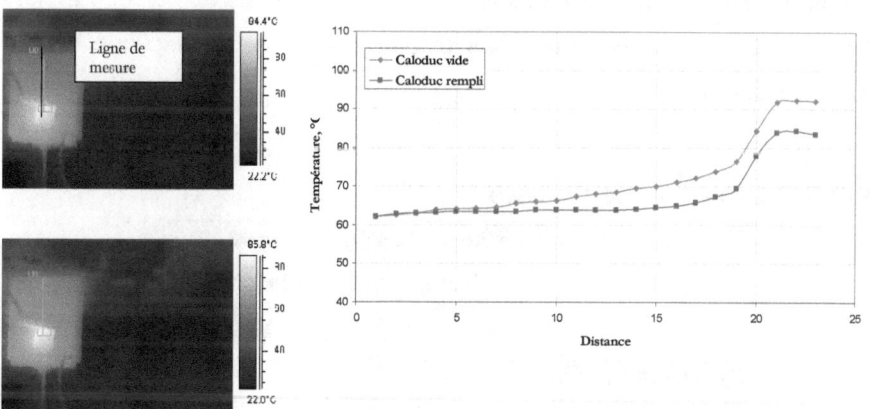

Figure 3-22 : Profils de température le long du caloduc vide et du caloduc rempli pour une puissance de 17 W au niveau de l'évaporateur, 40 °C source froide

Nous pouvons noter avec que, pour la même puissance appliquée, la température du composant a diminué de 9 °C en utilisant le caloduc. Les températures sous le composant mesurées par les thermocouples pour le caloduc en fonctionnement et vide sont respectivement de 73 et de 82 °C. La différence entre la température maximale de l'évaporateur et la température de la source froide est d'environ 25% plus faible pour le caloduc rempli par rapport au caloduc vide. La résistance de contact due à la colle est environ deux fois plus faible pour ce prototype à rainures que dans le cas du caloduc à plots.

Pour le caloduc à rainures rempli de 330 µl, la résistance thermique et la spreading résistance pour 17 W sont respectivement de 0,97 et 0,76 K/W. La résistance thermique du caloduc vide est de 1,92 K/W et sa spreading résistance de 1,22 K/W (**Tableau 3.3**). Le caloduc fonctionne donc bien et quasiment aucune différence de température tout au long de la zone adiabatique n'apparaît. La résistance thermique et la spreading résistance du caloduc à rainures vide sont plus faibles que dans le cas du caloduc à plots vide qui ont les mêmes dimensions externes. Ceci peut s'expliquer par la géométrie interne différente.

Tableau 3.3 : Tableau de synthèse

	Résistance thermique, W/mK	Spreading résistance, W/mK
Cuivre massif	1,27	1,06
Caloduc vide	1,92	1,22

Notre objectif, par la suite, a été de déterminer la limite capillaire du caloduc à rainures frittées (assèchement au niveau de l'évaporateur) à partir des résistances thermiques pour des puissances croissantes. Cet assèchement étant marqué par une élévation brusque de la température de l'évaporateur et une augmentation de sa résistance thermique. La limite capillaire est donc très dépendante des différentes conditions de fonctionnement (température de fonctionnement, quantité de fluide caloporteur ...).

3.9.2.2. Influence des conditions de fonctionnement

La puissance dissipée au niveau de l'évaporateur et la température de la source froide ont une influence significative sur les performances des caloducs. L'augmentation de la température de saturation qui peut être obtenue si l'on accroît la puissance imposée à l'évaporateur ou la température de la source froide, peut améliorer des performances du caloduc. A l'inverse si le flux dissipé par l'évaporateur devient supérieur à la limite capillaire, les performances du caloduc diminuent.

A. Influence de la charge et de la puissance

Plusieurs essais ont été effectués avec différentes quantités de remplissage (entre 300 µl à 450 µl). La quantité de fluide à injecter, qui doit saturer le réseau capillaire, est plus faible que pour le caloduc à plots car, dans cette configuration, le volume du réseau capillaire est plus faible et l'espace prévu pour la vapeur est plus grand. Nous avons fait varier la puissance pour chaque remplissage effectué. La valeur optimale de la charge est fonction de la puissance. [**POPOVA-4**]

La **Figure 3-23** représente l'évolution de la température au niveau du composant chauffant en fonction de la charge pour des différentes puissances appliquées.

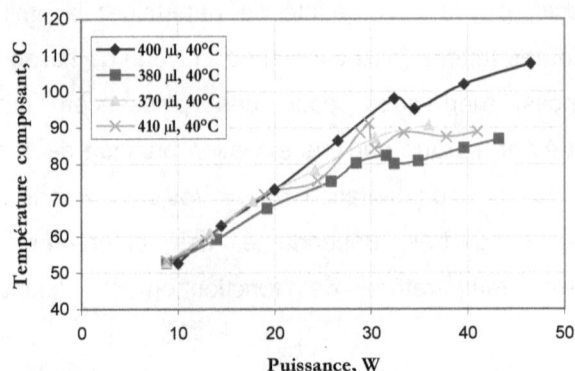

Figure 3-23 : Evolution de la température sous le composant chauffant en fonction de la puissance injectée pour différents taux de remplissage, 40℃ de la source froide

Nous pouvons remarquer sur la figure ci-dessus que la température du composant varie significativement avec la charge. Les différences de température au niveau de l'évaporateur pour les mêmes puissances appliquées peuvent être importantes.

Sur les **Figure 3-24** et **Figure 3-25** sont illustrées les évolutions de la spreading résistance du caloduc et de sa résistance thermique équivalente en fonction de la charge.

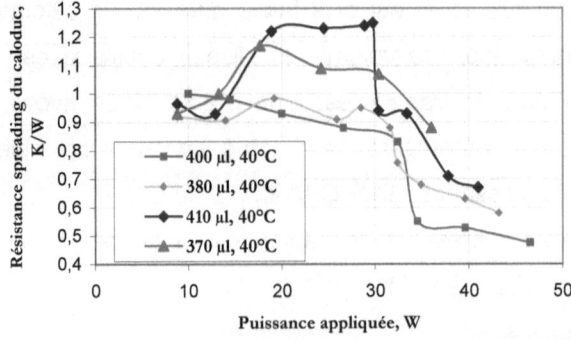

Figure 3-24 : Evolution de la spreading résistance du caloduc en fonction de la puissance injectée pour différents taux de remplissage

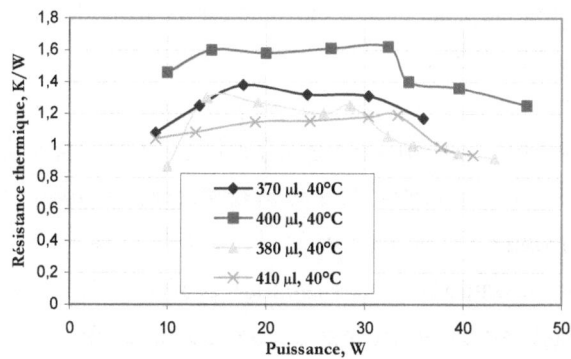

Figure 3-25 : Evolution de la résistance thermique du caloduc en fonction de la puissance injectée pour différents taux de remplissage

L'allure générale des courbes est caractéristique du fonctionnement du caloduc. Ces courbes montrent que la valeur optimale de la charge varie avec la puissance. La spreading résistance du caloduc rempli d'une façon optimale est à peu près 2 fois plus petite que celle du caloduc vide. La quantité optimale de fluide de fonctionnement a été estimée à 380 μl car, pour ce taux de remplissage, la température du composant ainsi que la résistance thermique équivalente du caloduc sont les plus faibles. Nous n'avons pas pu trouver la limite capillaire pour les différents remplissages. La résistance thermique avait toujours tendance à décroître. Nous n'avons pas pu augmenter plus la puissance au niveau du composant à cause de la température trop élevée du composant. Ceci est une conséquence de l'interface thermique importante qui existe entre le composant et la paroi du caloduc. [**POPOVA-4**]

Nous pouvons également remarquer que la température du composant (**Figure 3-23**) augmente progressivement avec l'augmentation de la puissance et après une certaine valeur de la puissance (d'environ 30 W), elle chute avant de continuer à accroître. Ce phénomène était répétitif et il correspond à une chute importante de la spreading résistance et de la résistance thermique équivalente du caloduc (**Figure 3-24** et **Figure 3-25**). Nous avons supposé qu'il y avait de gouttes bloquées dans l'espace vapeur au niveau du condenseur et en augmentant la puissance, donc en augmentant la vitesse de la vapeur, il y a une modification de la disposition spatiale de ces gouttes. Cette répartition améliorée se traduit par un échange amélioré au niveau du condenseur.

Sur la figure suivante sont illustrées les profils de température le long du caloduc, en état rempli et en état ouvert, compris l'évaporateur et la zone adiabatique.

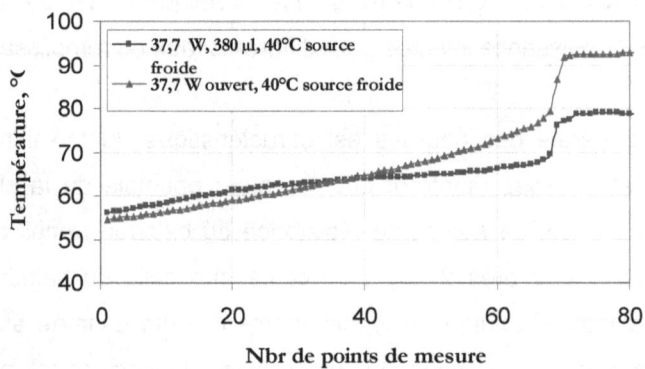

Figure 3-26 : Comparaison entre caloduc rempli et ouvert, 40 ℃ d e la source froide

Pour le caloduc rempli nous observons que la température reste constante sur une partie courte de la zone adiabatique puis elle descend. Ce fait peut s'expliquer par la présence de gaz incondensables dans le caloduc. Ils créent une sorte de bouchon qui ne permet pas au caloduc de fonctionner sur toute sa longueur. Le transfert de chaleur dans la zone du bouchon s'effectue seulement par conduction par les parois. [**POPOVA-3**]

Les expérimentations menées ne nous ont pas permis de trouver la limite capillaire du caloduc. La puissance maximale que le composant a pu dissiper sans être détruit était de 48 W pour température d'eau de 40°C et température de la zone adiabatique de 70 °C. Les performances du caloduc s'amélioraient avec l'élévation de la puissance imposée. La limite capillaire théorique a été estimée comme étant supérieure à 100 W (Chapitre 2, **paragraphe 2.3.5**). L'objectif du projet européen « Microcooling » est d'évacuer 34 W du substrat H. Nous avons évalué expérimentalement que le caloduc à rainures frittées peut évacuer largement plus.

B. Influence de l'angle d'inclinaison

Des tests complémentaires ont montré que, lorsque nous inclinons le caloduc, la température reste quasiment constante, ce qui montre l'efficacité du caloduc même lorsqu'il lutte contre la gravité (**Figure 3-27**). La position verticale (cas **b)**) est la pire pour le fonctionnement du caloduc car le fluide doit remonter du condenseur vers l'évaporateur contre les forces de gravité. Nous avons comparé le fonctionnement du caloduc en position horizontale et en position verticale. Cette condition de fonctionnement, contre la gravité, peut être rencontrée dans les applications avioniques (projet Microcooling). [**POPOVA-3**]

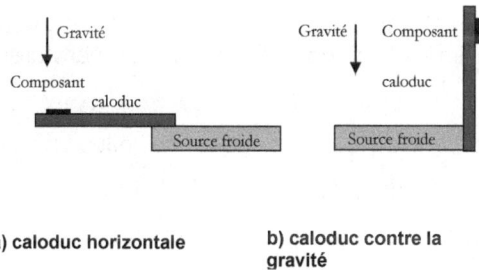

a) caloduc horizontale   b) caloduc contre la gravité

Figure 3-27 : Le caloduc sous a) 0° d'inclinaison b) 90° d'inclinaison

Nous allons présenter sur la figure ci-dessous l'évolution de la température du composant pour le caloduc en positions horizontale et verticale (90° d'inclinaison) pour deux températures d'eau dans la source froide.

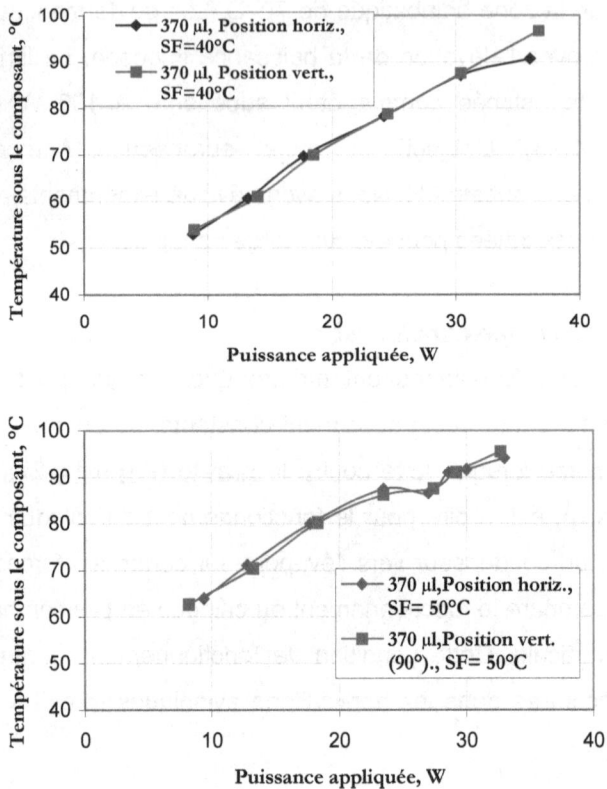

Figure 3-28 : Comparaisons entre le caloduc en position horizontale et incliné à 90°C pour différentes températures d'eau

Le fonctionnement du caloduc n'est pas influencé par le changement de position. La longueur du caloduc est faible et le réseau capillaire fritté assure un pompage capillaire suffisant pour vaincre les forces gravitationnelles. L'inclinaison du caloduc peut influencer un peu la limite capillaire mais pour notre cas l'influence est négligeable.

Avec ce réseau capillaire, le caloduc peut donc fonctionner dans toutes les positions.

C. Conductivité thermique équivalente du caloduc

Les caloducs ne sont pas des matériaux homogènes. Ils n'ont pas une conductivité thermique intrinsèque uniforme. Néanmoins, pour étudier leur efficacité, et la comparer à celles d'autres matériaux, le calcul d'une conductivité équivalente peut être effectué. Cela implique une approximation, donc une imprécision par rapport à la complexité des phénomènes thermiques dans les caloducs. Dans cette étude, la détermination de cette conductivité thermique équivalente repose sur les résistances thermiques mesurées expérimentalement par les thermocouples.

A partir des résistances thermiques calculées, pour le caloduc rempli d'une façon optimale, nous avons calculé les conductivités thermiques équivalentes de ce dernier. La **Figure 3-29** présente l'évolution de la conductivité thermique équivalente du caloduc en fonction de la puissance pour un même remplissage de 380 µl.

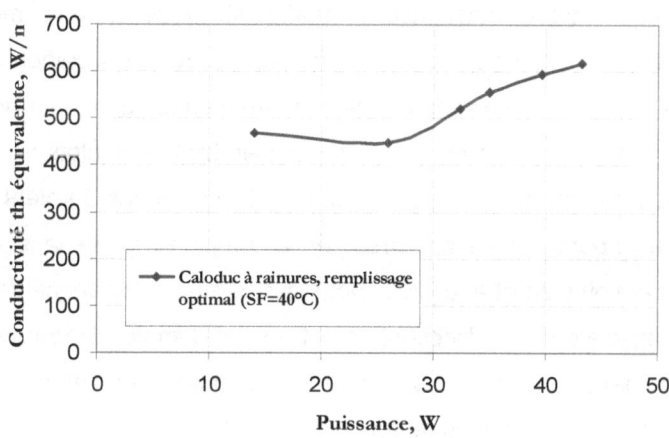

Figure 3-29 : Evolution de la conductivité thermique équivalente du caloduc à rainures frittées en fonction de la puissance

La valeur maximale de la conductivité thermique équivalente est de plus de 600 W/mK, ce qui correspond à une amélioration de plus de 50 % par rapport à un substrat en cuivre massif.

Les essais thermiques effectués sur les deux types de caloducs – à plots et à rainures frittées, visaient à valider les performances thermiques de ces derniers et les procédés de fabrication pour lancer le développement des démonstrateurs avioniques complets (substrats électroniques équipés de caloducs). Nous avons conclu à partir de ces premiers prototypes que ce type de substrats équipé de caloducs est intéressant pour les applications envisagées. La prochaine étape de notre étude concerne le développement de démonstrateurs finaux en Glidcop qui seront intégrés dans le boîtier 3D. Leur conception est basée sur les prototypes que nous avons présentés dans ce chapitre. Des essais thermiques plus complets seront effectués sur les démonstrateurs finaux.

3.10. Conclusion

Dans ce chapitre nous avons étudié et présenté une méthode de fabrication et un bilan des étapes de mise en œuvre des caloducs à réseau capillaire fritté. Des essais thermiques ont été menés qui ont permis d'évaluer les performances des deux familles de caloducs – à plots et à rainures frittées. L'évolution des performances thermiques de ces derniers, lorsque la puissance imposée à l'évaporateur et la température de la source froide varient, a été étudiée et analysée. Nous avons étudié l'influence de la charge, de la température de fonctionnement et de l'angle d'inclinaison sur le fonctionnement des caloducs. Les performances des caloducs sont très dépendantes des conditions de fonctionnement.

Pour les caloducs en cuivre, nous avons pris des épaisseurs de parois plus grandes (1mm à la place de 0,4 mm). Ce n'est pas une solution envisageable pour les démonstrateurs finaux prévus pour le projet européen « Microcooling ». Nous avons donc été obligés d'identifier un autre matériau avec les mêmes caractéristiques thermiques que celles du cuivre et qui ne se recuirait pas pendant le procédé de frittage. Grâce aux recherches bibliographiques, nous avons trouvé un pseudo alliage très proche du cuivre répondant à ces critères. Son nom commercial est Glidcop : c'est du cuivre renforcé par une dispersion d'oxyde d'aluminium. C'est en fait un composite de cuivre à structure métallique qui contient une dispersion de particules ultrafines d'oxyde d'aluminium qui est utilisé pour des applications haute température. Le pourcentage d'oxyde d'aluminium est de 0,15 %. Ces particules sont très stables à très haute température, et conservent toutes leurs propriétés, même après de nombreux cycles supérieurs à 1000°C. La conductivité thermque du Glidcop est de 365 W/mK.

Nous avons effectué des tests de dureté sur le cuivre et le Glidcop (**Tableau 3.4**) pour valider l'intérêt de ce dernier pour nos applications.

Tableau 3.4 : Tests de dureté

Matériau	Dureté initiale en Vickers	Après le 1er frittage à 980 °C/15 min	Après le 2ème frittage à 980 °C/15 min
Cuivre	130 ± 5 HV	44 ± 1 HV	--
Glidcop	144 ± 2 HV	125 ± 5 HV	108 ± 5 HV

Le bon fonctionnement de transfert de chaleur a été démontré en obtenant une réduction d'au moins deux fois de la résistance thermique entre la source de chaleur et le radiateur (la source froide). Les étapes de fabrication, comme une partie intégrale du substrat électronique, ont permis de valider le concept pour une nouvelle technologie de gestion thermique des modules électroniques. Elles devraient également permettre de poursuivre le développement d'autres types de systèmes thermo-fluidiques intégrés dans les substrats. La connaissance et les données pratiques obtenues fournissent une base quantitative et qualitative de la conception et l'usage des caloducs intégrés comme une technique de gestion thermique des substrats électroniques. En outre, les savoir-faire recueillis en développant et en testant les caloducs donnent une direction pour une future recherche d'amélioration de cette technique de gestion thermique.

4. Chapitre : Caractérisation expérimentale des démonstrateurs de caloducs frittés assemblés dans un boîtier 3D

4.1. Réalisation de démonstrateurs pour l'avionique

Les deux familles de prototypes présentés dans le chapitre précédent nous ont permis de valider l'intérêt de l'intégration des caloducs dans les substrats H. Grâce à ces résultats, la fabrication des démonstrateurs finaux a été lancée. Ces dispositifs étaient prévus pour être intégrés dans un boîtier 3D pour des applications avioniques. Ainsi, chaque démonstrateur est plus large que les premiers prototypes (Chapitre 3) car il contient les ouvertures prévues pour les interconnexions verticales. Les enveloppes de ces nouveaux substrats caloducs ont été réalisées en cuivre durci (Glidcop – réf. Chapitre 3). La première étape du développement des caloducs était l'usinage de leur enveloppe. Chaque substrat-caloduc a été réalisé à partir de deux coquilles (demi- caloducs). Sur la

Figure 4-1 : Demi caloducs en Glidcop avant l'assemblage

Figure 4-1 sont présentés les demi-caloducs avant l'assemblage. Les tolérances étaient très faibles pour assurer un ajustement parfait après l'assemblage.

Nous avons fabriqué cinq démonstrateurs au total : deux à plots et trois à rainures frittées. Les parois des démonstrateurs sont de 0,4 mm et la cavité intérieure (pour la vapeur et le réseau capillaire) est de 1 mm. Les réseaux capillaires des caloducs ont été réalisés à partir de billes en cuivre frittées de diamètres variant de 80 à 100 µm pour les caloducs à plots et de 100 à 120 µm pour les caloducs à rainures. La **Figure 4-2** montre les deux types de réseaux capillaires frittés à l'intérieur des substrats.

Figure 4-2 : Présentation des réseaux capillaires des demi-
caloducs

a) à plots **b)** à rainures frittées

Un des caloducs à rainures frittées a été réalisé de manière différente. En effet, nous avons proposé une nouvelle géométrie de réseau capillaire à rainures – dépôt de billes avec des diamètres différents (**Figure 4-3**). Des billes de plus faible diamètre ont été mises au fond des deux demi caloducs pour augmenter la surface d'échange et renforcer l'effet du pompage capillaire. Les petites sphères assureront une pression capillaire plus élevée afin d'augmenter la limite capillaire du caloduc. L'inconvénient de la présence des billes de faible diamètre est que les pertes de charges augmentent. Nous avons donc ajouté des grosses billes au milieu du réseau capillaire pour augmenter la perméabilité. Les trois diamètres de billes utilisés étaient de 100 à 120 µm, de 40 à 60 µm et de 20 à 40 µm.

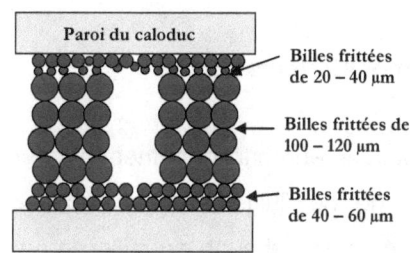

Figure 4-3 : Schéma du réseau capillaire du démonstrateur No5

Par la suite, les réseaux capillaires des cinq démonstrateurs ont été déposés et oxydés comme décrit dans le Chapitre 3. Les demi caloducs ont ensuite été soudés avec la technique de bombardement électronique. Cependant, pendant le soudage certains problèmes liés à la planéité des surfaces ont été rencontrés. En effet, les parois des caloducs ont seulement une épaisseur de 400 µm et même si le procédé de bombardement électronique effectue une fusion locale du métal, l'apport thermique puissant crée un gradient de température important. De légères déformations convexes des parois des démonstrateurs sont apparues au niveau des surfaces et des déformations concaves ont également été créées aux niveaux des ouvertures pour les interconnexions, comme le montre la **Figure 4-18**. Ces déformations ne sont pas gênantes pour les performances thermiques des dispositifs mais elles posent des problèmes pour reporter les composants et le substrat céramique sur les deux faces des démonstrateurs.

Nous avons ensuite poursuivi notre étude avec des tests de sensibilité thermique des cinq démonstrateurs réalisés.

4.2. Caractérisation thermique des démonstrateurs

Les démonstrateurs ont été testés pour valider leur fonctionnement et pour évaluer leurs quantités optimales de charge de fluide. Cette fois-ci les expérimentations ont été réalisées avec une source chaude au milieu et un refroidissement des deux côtés de chaque substrat, ce qui correspond au fonctionnement réel des caloducs pour l'application finale. Le banc d'essai est représenté sur la **Figure 4-4**:

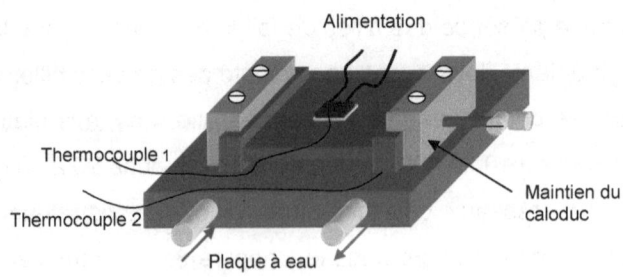

Figure 4-4 : Schéma du banc d'essai

Les caloducs étaient posés sur une source froide (plaque avec circulation forcée d'eau à température régulée). Deux côtés étaient bridés sur la source froide. Un composant IGBT constituait la source chaude. Entre le composant et la paroi du caloduc, il y avait une couche de graisse thermique. En face arrière du composant un thermocouple était placé pour mesurer la température sous le composant. Un autre était placé entre le caloduc et la plaque à eau. Nous n'avons pas pu mesurer précisément la résistance thermique du caloduc car l'épaisseur non contrôlée de la graisse thermique, crée un gradient de température légèrement différent pour chaque essai. De plus, nous n'avons pas pu la comparer avec celle des premiers prototypes car le thermocouple au niveau de l'évaporateur est positionné cette fois directement sous le composant et non sur la paroi du caloduc à cause de la trop faible épaisseur de cette paroi. Les caloducs ont été également refroidis des deux côtés, à l'inverse des essais précédents présentés dans le Chapitre 3 (refroidissement par un seul côté).

Les prototypes ont été mis, l'un après l'autre, pendant plusieurs jours sur la pompe à vide pour assurer un dégazage complet des parois intérieures. Pendant ce temps, nous avons distillé de l'eau. Pour trouver les quantités de fluide à injecter, nous nous sommes basés sur les résultats des tests de prototypes réalisés précédemment. Plusieurs tests ont été effectués pour trouver la bonne quantité de fluide pour chaque démonstrateur. Nous avons bridé le composant sur une des faces du caloduc et nous avons mesuré la température sous le composant pour différentes puissances appliquées. La température de l'eau circulant dans la source froide était de 40 °C.

Nous n'allons pas exposer tous les résultats obtenus mais seulement faire un bilan des principales observations faites lors des différentes mesures. Pour estimer si les caloducs fonctionnent correctement ou pas, nous avons mesuré la différence de température entre le caloduc rempli et le caloduc ouvert pour des différentes quantités de fluide.

Dans le tableau ci-dessous nous appellerons « dT » la différence de température qui apparaît entre le caloduc en fonctionnement et le caloduc vide à puissance donnée. Plus ce gradient de température est élevé, plus le prototype est performant (pour les prototypes de géométrie identique).

Tableau 4.1 : Synthèse des tests

Numéro du démonstrateur		N°1	N°2	N°3	N°4	N°5
Type	Nbr plots	8 plots	Rainures frittées	Rainures frittées	8 plots	Rainures frittées avec 3 tailles de billes
	Epaisseur réseau capillaire	300 µm			300 µm	
	Epaisseur espace vapeur	400 µm			400 µm	
Quantité de fluide optimale en µL		600	450	450	550	450
Puissance en W		16,5	15,7	16,5	16,6	16,9
T_{max} caloduc rempli, °C		84,7	80	75,9	83,5	72
T_{max} caloduc ouvert, °C		92,6	90	87,5	87,6	87
dT entre caloduc rempli et ouvert		8	10	11,6	4	15

Les caloducs N°1 et N°4 contiennent des plots et du réseau capillaire sur chaque paroi interne. Pourtant, le caloduc N°4, qui a la même structure interne, ne fonctionnait pas aussi bien que le caloduc N°1. Nous supposons que son fonctionnement médiocre est dû à une mauvaise oxydation du réseau capillaire.

Les caloducs N°2, 3 et 5 à rainures frittées ont mo ntré un fonctionnement bien meilleur par rapport aux caloducs à plots. Pour ces trois caloducs, les quantités optimales d'eau à injecter sont de l'ordre de 450 µl.

Le caloduc N°5 est le plus performant, ce qui peut être expliqué par la présence du réseau capillaire amélioré – les billes de petite taille assurent une plus grande surface d'échange.

Lorsque l'eau a été injectée, les tuyaux des caloducs ont été queusotés pour les séparer des dispositifs de remplissage. Le poids d'un caloduc fermé était d'environ 56 g.

Une fois queusotés, les caloducs en H ont été envoyés à Thales pour procéder au dépôt de la céramique LTCC avec des composants sur leurs deux faces. Nous avons ensuite procédé à la caractérisation plus précise et spécifique des caloducs dans leur version finale. Sur la figure suivante est illustré un des démonstrateurs équipé de substrat céramique et des composants.

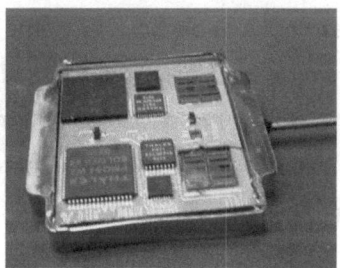

Figure 4-5 : Photo d'un démonstrateur en H complet avec le caloduc intégré

4.3.   Caractérisation thermique effectuée au LEG

Nous avons étudié au total trois démonstrateurs à caloducs au sein de notre laboratoire – le N°2, le N°3 (à rainures frit tées) et le N°4 (à plots).

Tout d'abord, nous avons voulu trouver la limite de fonctionnement des caloducs à rainures. Pour ces expérimentations, le caloduc N°3 a été testé. Nous avons cherché à fournir une base de données expérimentales pour vérifier le modèle numérique de limite de fonctionnement présenté dans le Chapitre 2.

4.3.1. Etude du caloduc rempli et vide

Afin de déterminer la puissance maximale transférable par le caloduc, nous avons effectué une série d'essais dans lesquels le bain de refroidissement a été maintenu à des températures constantes et la puissance d'entrée a été augmentée incrémentalement. Le caloduc conttenant sur chaque face 4 puces principales et peouvait être refroidi à ses deux extrémités. Pour les tests, le caloduc n'a été refroidi que d'un côté et une seule puce située à l'autre extrémité a été alimentée. Nous nous sommes mis dans la position la plus défavorable – avec un écart maximal entre le composant et la source froide. Si la source chaude est plus près du condenseur, la distance parcourue par les phases liquide et vapeur est plus petite ce qui conduit à une différence de pression plus faible pour la même puissance d'entrée et en conséquence, à une limite de fonctionnement plus élevée.

Nous avons positionné deux thermocouples pour mesurer les températures sous le composant et entre le caloduc et la source froide. Le schéma du banc d'essai est représenté sur la figure suivante:

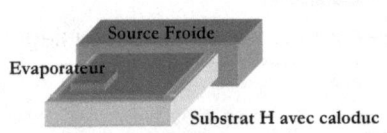

Figure 4-6 : Schéma du banc d'essai

Nous avons comparé tout d'abord le caloduc rempli avec le caloduc vide. Dans le cas du caloduc vide, le transfert thermique s'effectue principalement par conduction dans les parois. La **Figure 4-6** illustre la position des évaporateur et condenseur pour ces expériences. De même, la **Figure 4-7** présente les températures sous la puce du caloduc rempli et ouvert. Le caloduc était rempli avec 450 µl d'eau et la température de l'eau de refroidissement était de 25 °C. Le caloduc rempli a montré des températures plus basses au niveau du composant pour toutes les valeurs de la puissance d'entrée par rapport au caloduc vide.

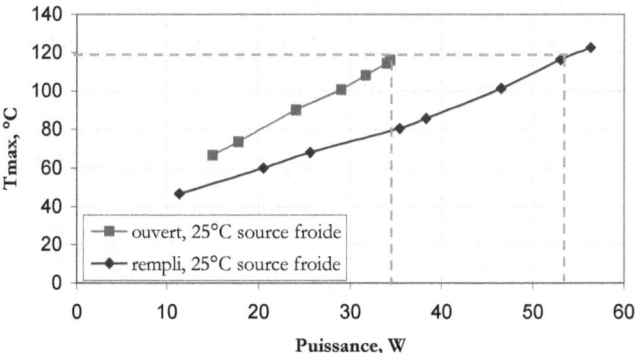

Figure 4-7 : Evolution de la température sous la puce en fonction de la puissance injectée dans le cas d'un caloduc rempli d'une façon optimale et d'un caloduc ouvert

Si nous considérons que la température du composant ne doit pas accéder 120 ℃, nous gagnons 20 W avec le caloduc rempli pa r rapport au caloduc vide. Pour la puissance de 34 W lorsque le caloduc a été ouvert, la température du composant a augmenté de plus de 30 °C par rapport à celle mesurée pour la même puissance avec le caloduc fonctionnel. La différence de température entre le fonctionnement à vide et le fonctionnement après remplissage est dans ce cas beaucoup plus élevée que dans le cas des caloducs testés avec un composant au milieu et un refroidissement des deux côtés, pour la même quantité de fluide. En effet, les conditions de fonctionnement ne sont pas les mêmes - la longueur de la zone adiabatique est fortement réduite dans le cas du caloduc testé avec un composant au milieu et le flux de chaleur se partage entre les deux sources froides.

Sur la **Figure 4-8** sont présentées les résistances thermiques du caloduc vide et du caloduc rempli pour 25° C de température d'eau de refroidissement. La résistance thermique est calculée à partir des indications des deux thermocouples (sous le composant et entre le caloduc et la plaque à eau). Nous voyons sur cette figure que, dans le cas du caloduc ouvert, la résistance thermique est de l'ordre de 2,5 K/W, alors que dans le cas du caloduc rempli, elle de l'ordre de 1,5 K/W. Le gain du caloduc rempli par rapport au caloduc vide est d'environ 40 %.

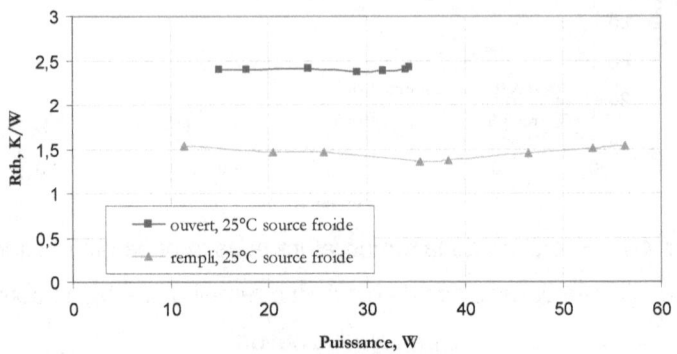

Figure 4-8 : Evolution de la résistance thermique effective du caloduc en fonction de la puissance injectée

4.3.2. Influence de la température de fonctionnement sur le comportement thermique du caloduc

Nous avons étudié le fonctionnement du caloduc pour différentes températures de la source froide. Pour les essais nous avons employé un seul composant – un transistor avec une température de jonction maximale T_{jmax} = 175°C. Ce composant nous a permis de monter plus en température et donc en puissance. En particulier, nous avons pris garde à ce que la température interne du caloduc (température de la zone adiabatique) ne dépasse pas 100 °C. En effet, en dessus de cette température, la pression interne devient supérieure à 1 bar. Notre caloduc n'étant pas protégé contre les surpressions, il y a un risque de casse de la céramique même si les déformations sont légères. Pour cette raison, nous avons arrêté certains essais en étant loin de la température maximale du composant car la température au niveau de la zone adiabatique approchait 100 °C. Les **Figure 4-9** et **Figure 4-10** illustrent l'évolution de la température du composant et de la résistance thermique du caloduc pour différentes températures de l'eau de refroidissement.

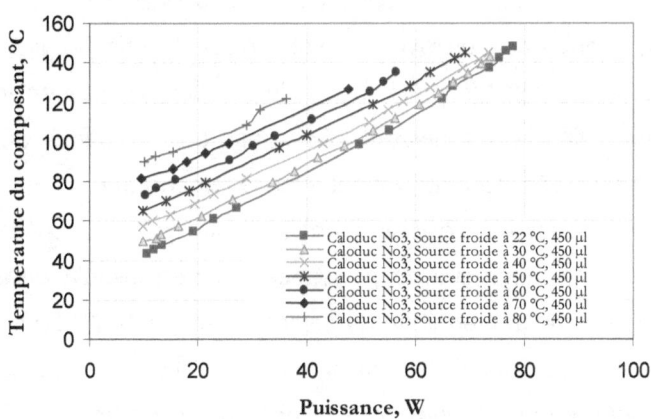

Figure 4-9 : Influence de la température de la source froide sur le fonctionnement du caloduc

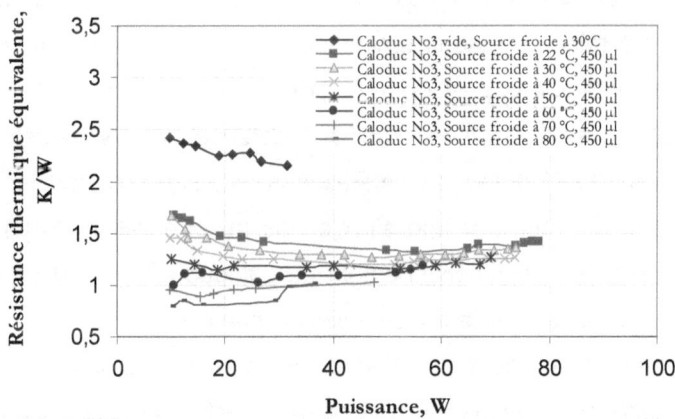

Figure 4-10 : Influence de la température de la source froide sur la résistance thermique du caloduc

La **Figure 4-10** montre clairement comment l'incorporation des minicaloducs permet de réduire les gradients thermiques ou les points chauds, qui peuvent se produire aux niveaux des jonctions. De plus, sur la même figure nous pouvons voir que le caloduc est plus performant pour des températures de fonctionnement plus élevées mais il est à noter que les pertes par convection et rayonnement croissent avec l'augmentation de la température. La résistance thermique du caloduc diminue en fonction de la température de fonctionnement. Cela est dû en partie aux propriétés physiques du fluide (eau) qui varient avec la température.

Nous avons essayé de déterminer la limite capillaire du caloduc. Nous avons pour cela augmenté la puissance d'entrée jusqu'à environ 80 W et calculé la résistance thermique du caloduc (**Figure 4-10**). La limite capillaire théoriquement est atteinte quand la résistance thermique du caloduc monte brusquement, ce qui n'a pas pu être obtenu dans notre cas. Nous n'avons pas pu augmenter plus la puissance et obtenir les résistances thermiques respectives parce que la température au niveau du composant était très proche de sa température de jonction maximale. La limite capillaire du caloduc n'a pas pu être trouvée et comparée aux résultats de la modélisation du caloduc à rainures frittées présentée dans le Chapitre 2, même pour le caloduc testé dans une position défavorable (condenseur et évaporateur sur des côtés opposés). La limite capillaire obtenue par les modélisations est supérieure à 100 W et nos résultats expérimentaux ne contredisent donc pas les résultats du modèle même s'il n'a pas pu être validé. Nous avons au moins observé le bon fonctionnement du caloduc jusqu'à 80 W, ce qui est plus que deux fois supérieur au cahier de charge du projet qui prévoit une dissipation de 35 W. Les résultats sont donc plus que satisfaisants.

Par la suite, nous avons effectué certains tests spécifiques en prenant en considération les besoins industriels de Thales. Les objectifs de ces essais étaient de vérifier les performances des caloducs dans des environnements spécifiques (avionique) et d'évaluer leurs avantages dans ces conditions.

4.3.3. Influence de l'angle d'inclination sur le fonctionnement du caloduc

Le fonctionnement du caloduc ne doit pas être influencé par l'orientation du dispositif par rapport au champ gravitationnel. C'est pourquoi nous avons testé cette fois le caloduc N°2 sous différents ang les d'inclinaison. Une seule puce a été alimentée pour les essais. Elle avait une résistance thermique jonction/boîtier élevée et, pour cette raison, nous n'avons pas pu monter beaucoup en puissance. Nous avons étudié l'influence de l'angle d'inclinaison sous différents axes sur le fonctionnement du caloduc (testé dans cinq positions différentes comme le montre la **Figure 4-11**) :

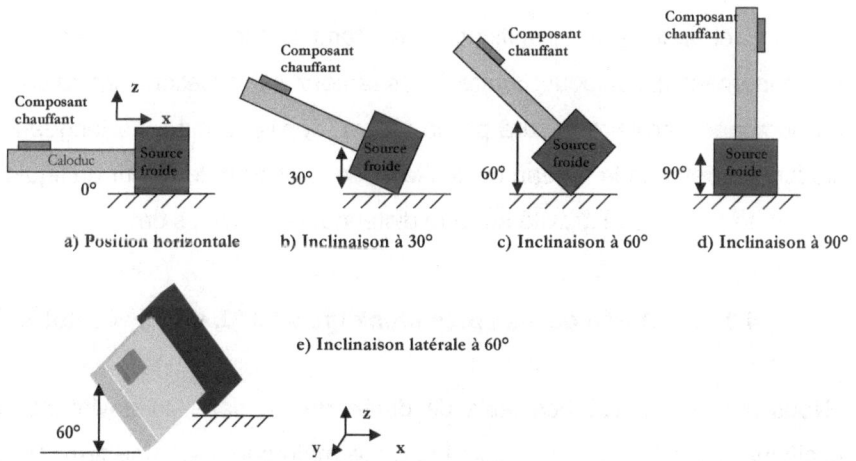

Figure 4-11 : Différentes positions d'inclinaison du caloduc

Le cas d) représente l'orientation la plus défavorable pour le caloduc. Le fluide à l'intérieur du dispositif doit monter par capillarité du condensateur

171

vers l'évaporateur contre les forces de gravité. La **Figure 4-12** illustre l'évolution de la température du composant en fonction de la puissance d'entrée pour différentes positions.

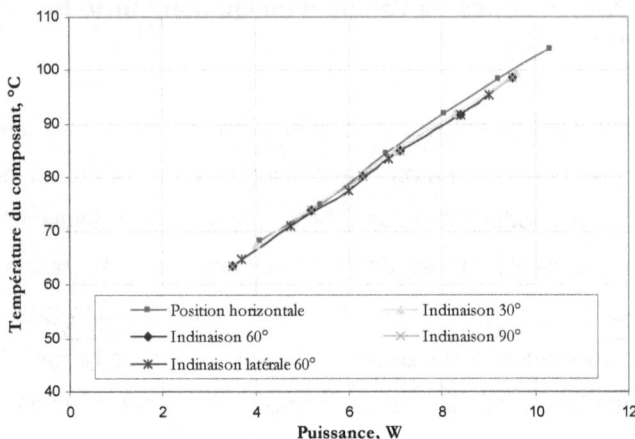

Figure 4-12 : Influence de l'angle d'inclinaison (40 ℃ pour la s ource froide)

Aucun changement significatif de température n'est apparu. Le fonctionnement du caloduc contre la pesanteur est excellent, en raison du bon pompage capillaire assuré par le réseau capillaire fritté. La longueur du caloduc est petite et le réseau capillaire arrive à assurer le retour du liquide à l'évaporateur contre la gravité sur une distance de quelques cm.

4.3.4. Durée de vie après stockage à 90 ℃, non opé ratoire

Nous avons effectué des tests de durée de vie dans un environnement spécifique, c'est-à-dire que le caloduc a été maintenu sous une température de 90 ℃ et dans des conditions non opératoires (sa ns source de chaleur). Le fonctionnement du caloduc a été vérifié à des intervalles de temps réguliers (environ toutes les semaines). La durée de stockage à 90 ℃ doit être au moins de 1000 h.

Nous avons monté le caloduc sur le banc d'essai. L'objectif était d'étudier si le caloduc pourrait rester fonctionnel après avoir été maintenu dans des conditions sévères. La puce était une résistance nue en silicium. A cause de l'impossibilité de mettre un thermocouple au-dessous de la puce, sa température a été observée grâce à la caméra infrarouge.

La **Figure 4-13** montre que les performances du caloduc n'ont pas été beaucoup dégradées par cet essai de vieillissement accéléré.

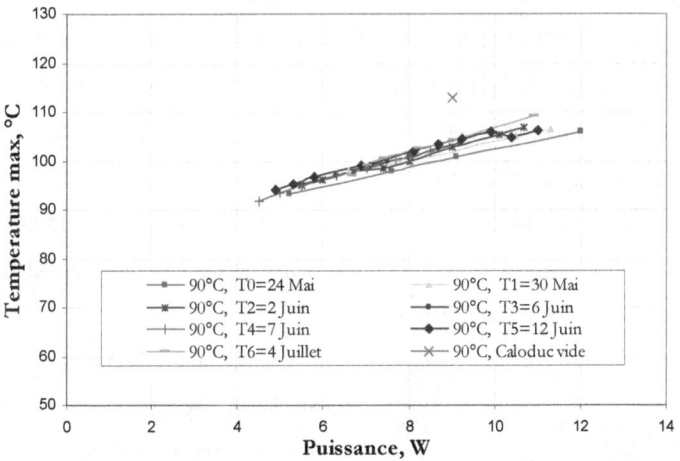

Figure 4-13 : Essai de vieillissement accéléré (Source froide à 90℃)

En effet, le caloduc fonctionnait toujours après 1000 h de stockage. Cela peut être justifié à partir du test du caloduc vide qui est notre test de référence. Le fonctionnement du caloduc chargé n'a pas atteint cette valeur de référence mais nous pouvons aussi remarquer que son fonctionnement s'est détérioré légèrement avec le temps. Cela peut être expliqué par le fait de l'apparition des gaz incondensables à l'intérieur du caloduc. Une méthode de remplissage améliorée doit donc être envisagée pour les futurs travaux. Le procédé du dégazage de l'enveloppe du caloduc doit être aussi reconsidéré. Une idée est de maintenir la pièce à dégazer qui est connectée à une pompé à vide dans une enceinte chauffée. Cela permettra d'évacuer les gaz de l'enveloppe d'une manière plus efficace.

4.3.5. Test gel-dégel

Un autre test spécifique que nous avons effectué est le test de gel-dégel du caloduc. Le caloduc est stocké à -30 °C et l'objectif est de vérifier s'il fonctionne encore après avoir été gelé et également combien de temps il lui faudra pour commencer à fonctionner. Plusieurs cycles de gel-dégel ont été effectués au laboratoire. Nous avons testé le démonstrateur N°4, même si son fonctionnement antérieur n'était pas optimal, à cause de la non disponibilité des autres démonstrateurs.

Il y a un risque de destruction du réseau capillaire pendant le test de gel à cause de l'augmentation du volume de l'eau gelée qui peut créer des efforts sur les liens entre les billes frittées.

Figure 4-14 : Le prototype 3 ouvert après plusieurs cycles gel-dégel

Le prototype à rainures, présenté dans le Chapitre 3, a été soumis à quelques cycles de gel -dégel et son fonctionnement thermique a été détérioré de manière significative. Notre première hypothèse a été que son réseau capillaire était partiellement détruit. Nous l'avons ouvert pour voir l'état de son réseau capillaire (**Figure 4-14**). Le réseau capillaire et sa couche d'oxyde étaient en très bon état, ils n'ont pas été influencés par les cycles gel-dégel. Nous avons donc supposé que c'était en effet la colle avec laquelle le caloduc a été assemblé qui n'a pas supporté les changements sévères de température et des fissures ont apparues.

Nous avons donc testé par la suite le caloduc N°4. Il a été mis à -30° pendant plusieurs heures. Ensuite, nous l'avons monté sur le banc expérimental et une des puces a été chauffée. Nous avons attendu que la température de l'évaporateur se stabilise. La **Figure 4-15** montre une comparaison entre le caloduc avant gel et après dégel.

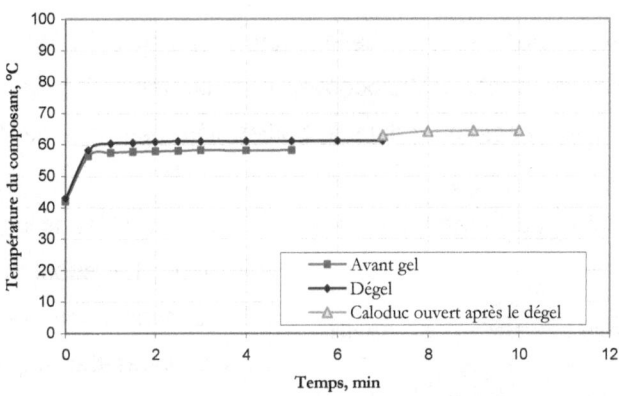

Figure 4-15 : Test de gel-dégel du caloduc à plots

Quand nous avons ouvert le caloduc, la température a légèrement monté. Nous pouvons conclure qu'il y avait un effet caloduc après le cycle gel - dégel. Nous pouvons dire que le caloduc plat cuivre - eau peut seulement tolérer la congélation dans une certaine mesure. Il est préférable de le stocker à des températures au-dessus de zéro. Une étude plus approfondie doit être effectuée pour mieux comprendre les phénomènes et les raisons de cette détérioration des performances après des cycles de gel – dégel.

Nous avons jusqu'à maintenant toujours testé les différents caloducs de façon isolée. Comme ils étaient conçus pour être empilés dans le boîtier 3D, il est intéressant de montrer leur fonctionnement et leur avantage dans l'application finale. Nous allons donc, par la suite présenter quelques tests effectués par l'entreprise Thales du boîtier 3D avec et sans caloduc.

4.4. Caractérisation du packaging 3D complet (tests effectués par Thales)

4.4.1. Tests de comparaison du comportement thermique d'un boîtier 3D en cuivre massif et d'un boîtier 3D équipé d'un caloduc

L'entreprise Thales, avec laquelle nous avons travaillé en collaboration dans le cadre du projet « Microcooling », a pu tester les démonstrateurs caloducs empilés directement dans le boîtier 3D présenté dans le Chapitre 1 (**Figure 4-16**).

Une caractérisation thermique de ce boîtier avec et sans caloduc a été effectuée. Le substrat à caloduc N°5, qui avait montré les meilleures performances thermiques, pendant les premiers tests, a été empilé dans le boîtier 3D. Son avantage par rapport au même boîtier mais équipé de substrats en cuivre massif a ensuite été étudié.

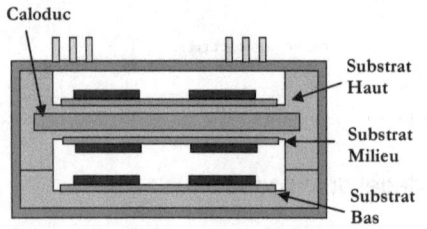

Figure 4-16 : Schéma du boîtier équipé d'un caloduc

Chaque substrat dans le boîtier contient une céramique LTCC et 4 puces principales (2 nues et 2 encapsulées - **Figure 4-17**). Deux types de tests ont été effectués correspondant aux applications finales :

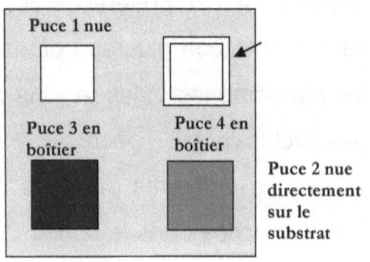

Figure 4-17 : Schéma de la céramique collée sur chaque substrat avec les 4 puces principales (PMOS)

– Fonctionnement avec 50 W distribués uniformément sur chaque substrat et chaque puce (~ 4W par puce) ;

– Fonctionnement avec point

chaud (essais avec chacune des puces dissipant des puissances jusqu'à 12 W) ;

4.4.1.1. Fonctionnement avec 50 W distribués uniformément

Pour un refroidissement de 25 °C sur la face arrière du boîtier et 50 W appliqués au total, la température maximale obtenue au niveau des composants était de 60°C. Cette température est largement inférieure à la température de jonction maximale de 125 °C. Le tableau suivant permet de comparer les températures mesurées au niveau de la puce 2 (voir **Figure 4-17**) dans le cas du boîtier 3D contenant uniquement des substrats en cuivre massif et dans le cas du boîtier équipé d'un substrat en H à caloduc intégré.

Le gain du boîtier équipé de caloduc par rapport à celui sans caloduc est calculé à partir de :

$$Gain = \frac{T_{cuivre} - T_{caloduc}}{T_{cuivre} - T_{radiateur}}$$ **Équation 4.1**

Tableau 4.2 : Températures maximales au niveau de la puce 2

	Cuivre	Caloduc	dT	Gain
Substrat Haut	67,4 °C	60,5 °C	6,9 °C	**16,2%**
Substrat Milieu	63,5 °C	50,4 °C	13,1 °C	**33,9%**
Substrat Bas	37,4 °C	37,1 °C	0,4 °C	**3%**

Il est normal qu'il n'y a pas de différence de température au niveau du substrat bas car il n'est pas équipé de caloduc.

Les résultats de simulations Flotherm présentés dans le Chapitre 2 ont donné un ordre de grandeur des températures dans le boîtier 3D (**T1** (Substrat Bas) = 46°C et **T3** (Substrat Haut) = 64 °C). Le logiciel ne prenait pas en compte plusieurs phénomènes liés au fonctionnement du caloduc, comme les changements de phase, les résistances de contact entre la céramique et les composants etc.

4.4.1.2. Fonctionnement avec un point chaud

Par la suite, les mêmes tests ont été effectués avec la présence de points chauds au niveau des puces du substrat au milieu. Le but de ce test était de déterminer la puissance maximale que chacun des composants peut dissiper sans atteindre la température maximale de 120 °C. Le substrat en bas a été alimenté avec 17,4 W et celui du haut avec 18 W. Les tests ont été menés sur le boîtier équipé de substrats en cuivre et ensuite sur le boîtier équipé d'un substrat en H avec caloduc. Chacune des puces du substrat au milieu a été testée avec un point chaud pour voir combien de puissance, elle peut dissiper. La comparaison des résultats de test du boîtier avec et sans caloduc est présentée dans le **Tableau 4.3**:

Tableau 4.3 : Puissances maximales des puces du substrat au milieu

	Cuivre	Caloduc	dQ
Puce 1	20,5 W	26,6 W	6,1 W
Puce 2	33,8 W	38 W	4,2 W
Puce 3	10,7 W	12,4 W	1,7 W
Puce 4	12,5 W	14,3 W	1,8 W

Dans le tableau sont données les puissances maximales que chacune des puces peut dissiper sans être détruite dans le cas du caloduc et dans le cas du cuivre massif. Les écarts de puissance que les différents composants avec la même surface peuvent dissiper sont assez différents car certains des composants sont nus et d'autres en boîtier. Le report des composants sur les substrats (collage, brasage) joue également un rôle important. Nous pouvons remarquer que, pour les mêmes conditions expérimentales, l'apport du caloduc est important. Tous les composants peuvent transférer plus de puissance dans le cas du caloduc. La puce nue déposée directement sur le caloduc est celle qui dissipe le plus de puissance, ce qui est logique car la chaleur ne doit pas traverser les couches de céramique et de colle qui sont des mauvais conducteurs thermiques. L'avantage du caloduc intégré dans le module 3D a été donc validé. Avec la présence du substrat en H équipé du caloduc, environ 10 W de plus peuvent être évacués par rapport à ce qui est demandé par le cahier des charges (50 W). Nous pouvons conclure que le caloduc est une solution très intéressante pour l'extraction de la chaleur dissipée au sein des cartes électroniques empilées.

4.4.2. Performance thermique sous vibrations et accélérations

Le caloduc doit supporter sans dommage les tests typiques de vibrations et accélérations rencontrées sur des composants avioniques.

Le boîtier avec le caloduc a été soumis à des vibrations sinusoïdales de 12 g (10 Hz - 2000 Hz) et à des vibrations aléatoires (15 Hz – 2000 Hz). La puissance totale appliquée était de 50 W. Le boîtier a été testé en position horizontale et en position verticale. Les résultats obtenus par Thales ont indiqué que les vibrations n'ont eu aucun effet néfaste sur le caloduc.

La capacité du boîtier équipé du caloduc à supporter des accélérations a été également mise à l'épreuve. Des accélérations de plus de 6,5 g ont été appliquées et les résultats des tests n'ont montré aucune variation significative de température.

Enfin la performance du caloduc soumis aux chocs a été étudiée et aucun effet néfaste n'a été observé.

4.5. Conclusion

Des caloducs plats et très fins ont été développés pour refroidir les substrats empilés pour des applications avioniques. Les caloducs à réseau capillaire fritté permettent d'évacuer plus de puissance que ne le demandait le cahier des charges du programme « Microcooling ». Les possibilités de transport de la chaleur sont bien meilleures que celles d'un bloc en cuivre avec la même section transversale au niveau de la diminution de la température. La technologie de fabrication et d'assemblage a également été analysée. Nous avons pu démontrer que l'intégration des composants de type caloduc dans des substrats très fins et plats est possible. Les caloducs développés représentent des dispositifs à performances thermiques très attractives.

Les tests spécifiques ont été effectués avec les caloducs correspondant au cahier des charges exigé pour des applications avioniques. Des tests effectués par Thales du boîtier 3D complet équipé du caloduc ont montré des résultats très satisfaisants : les composants ont « survécu » aux essais thermiques statiques en dissipant même plus de puissance que celle demandée au départ et aux essais de vibrations dynamiques. Ces essais n'ont pas eu d'effet néfaste pour le bon fonctionnement du caloduc. La technologie de fabrication que nous avons utilisée au LEG peut être considérée applicable pour l'avionique. Des développements industriels complémentaires doivent néanmoins être effectués pour compléter les études menées. Nous avons pour cela lancé la fabrication de deux démonstrateurs avec des améliorations permettant de diminuer les déformations.

Nous avons construit au cours de cette thèse des prototypes, répondant aux principales exigences du projet européen « Microcooling » et plus particulièrement à celles de Thales. D'un point de vue technologique, bien que des efforts soient encore nécessaires, ces premiers résultats sont prometteurs pour l'avenir.

Nous avons cherché des solutions pour contourner le problème lié aux déformations des parois des caloducs en H apparues (**Figure 4-18**). En particulier, nous avons lancé de nouveaux démonstrateurs en cuivre durci (Glidcop) avec quelques modifications lors de la conception et qui n'ont pas été encore testés.

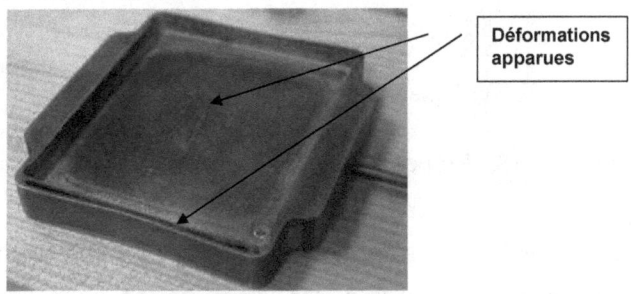

Déformations
apparues

Figure 4-18 : Défauts de planéité obtenus après le soudage par faisceau d'électrons

Deux démonstrateurs seront fabriqués avec des parois plus épaisses (épaisseur supplémentaire de 0,5 mm, soit 0,9 mm au total) au départ et sans ouvertures au niveau des interconnexions. L'épaisseur supplémentaire permettra d'éviter les déformations et sera enlevée une fois que les démonstrateurs seront soudés. Les ouvertures seront également usinées après le soudage. La figure suivante montre les zones où la soudure entre les demi caloducs sera effectuée :

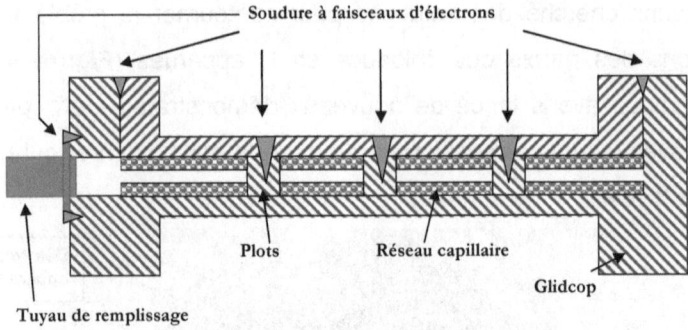

Figure 4-19 : Propositions d'amélioration de la fabrication des substrats H

Cette solution nous permettra de diminuer non seulement les déformations convexes mais également les déformations concaves, puisque les plots seront soudés entre eux.

Conclusion Générale et Perspectives

Des multiples raisons poussent à concevoir des systèmes électroniques plus compacts et plus denses. La multiplication sur une surface donnée de composants électroniques se traduit par autant de sources de dissipation à refroidir. La gestion thermique des systèmes électroniques est donc un enjeu majeur pour leur fiabilité et leur durée de vie. Cette gestion passe à la fois par des fonctions d'épanouissement du flux de chaleur, de transport et d'extraction de la puissance thermique dissipée au sein de ces systèmes.

Notre travail qui adresse particulièrement la gestion thermique des packaging électroniques 3D a consisté à concevoir une chaîne thermique cohérente entre l'ensemble des sources chaudes et la source froide commune à chacune d'elle.

Nous avons, au cours de ce travail de thèse, étudié différentes solutions afin de satisfaire aux exigences du cahier des charges du projet européen « Microcooling ». La solution d'un substrat double face (en H) a été proposée et a montré d'excellentes performances sur le plan thermique, obtenues notamment grâce à la réduction du nombre d'interfaces thermiques et à l'augmentation de l'épaisseur du substrat. Nous avons par la suite conçu et réalisé l'intégration de caloducs plats au sein de ces substrats électroniques en H. Sur le plan du réseau capillaire, plusieurs alternatives ont aussi été étudiées et réalisées. Afin de répondre à la fois aux exigences thermique, hydraulique et mécanique, nous avons conçu des caloducs plats à plots et d'autres à rainures frittées. Ces deux solutions se sont avérées d'excellentes performances et ont montré, dans les conditions de test les plus défavorables, une capacité d'extraction de plus de 60 W, soit plus de double de ce qui était prévu dans le cahier des charges.

Ce travail a de ce fait répondu aux exigences du projet « Microcooling ». Il a permis de mettre aux points de nouvelles techniques d'élaboration de caloducs plats à réseau capillaire fritté et d'ouvrir cette démarche à de nouvelles stratégies de refroidissement.

En perspective, plusieurs axes de réflexions sont à entreprendre. Le premier concerne les matériaux supports dans lesquels nous pourrions à la fois reporter les composants électroniques, intégrer la fonction thermique et fritter un réseau capillaire [**JONES**]. Le second est basé sur le développement des matériaux composites (à matrice de cuivre renforcée par fibre de carbone par exemple) qui représentent une alternative intéressante pour le domaine de l'électronique. En effet, ces matériaux ont de très bonnes conductivités thermiques et éviteront l'intégration de caloducs dans les substrats. Le troisième axe concerne l'apport des forces électrohydrodynamiques que nous pourrions mettre en œuvre dans ces systèmes afin de repousser les limites capillaires des caloducs et également pour améliorer les transferts de chaleur notamment à l'évaporateur. Enfin le dernier axe propose l'apport des ferrofluides pour les applications de refroidissement de l'électronique.

REFERENCES

Auteurs

[ALEXANDER] E. G. Jr. ALEXANDER – "Structure property relationships in heat pipe wicking materials", 1972;

[AL-SARAWI] S. F. AL-SARAWI and D. ABBOTT - « 3D VLSI Packaging Technology », The Centre for High Performance Integrated Technologies and Systems (CHiPTec), Australia, 1997;

[AVENAS-1] Y. AVENAS – « Etude et réalisation de caloducs plats miniatures pour l'intégration en électronique de puissance », rapport de thèse, Laboratoire d'Electrotechnique de Grenoble, INPG, 2002 ;

[AVENAS-2] Y. AVENAS, C. GILLOT, A. BRICARD, C. SCHAEFFER – « On the Use of Flat Heat Pipes as Thermal Spreaders in Power Electronics Cooling », IEEE – PESC, 2002;

[AVENAS-3] Y. AVENAS, M. IVANOVA, N. POPOVA, C. SCHAEFFER, J.-L. Schanen, A. Bricard – « Thermal analysis of thermal spreaders used in power electronics cooling », IEEE – IAS, 2002;

[BALOG] R. BALOG – « How to keep cool while working with power electronics: static thermal design issues », 2003;

[BARDON] J.-P. BARDON, B. CASSAGNE - « Température de surface - Mesure par contact », Techniques de l'ingénieur, revue, 1998;

[BENSON-1] D. BENSON, S BURCHETT, S. KRAVITZ, C. TIGGES, C. SCHMIDT, C. ROBINO, Sandia National Laboratories – « Kovar micro heat pipe substrates for microelectronic cooling », 1999;

[BENSON-2] D. BENSON, C. ROBINO, Sandia National Laboratories – « Design and Testing of Metal and Silicon Heat Spreaders with Embedded Micromachined Heat Pipes », 1999;

[BOUTONNET] A.-S. BOUTONNET – « Etude de la résistance thermique de contact à l'interface de solides déformables en frottement : application aux procédés de forgeage », Institut National des Sciences Appliquées de Lyon, 1998;

[**BRICARD**] A. BRICARD, S. CHAUDOURNE - « Caloducs », 1997;

[**CAZES**] R. CAZES - « Soudage par faisceaux à haute énergie : faisceaux d'électrons et laser », - Techniques d'ingénieur, 1994;

[**CERZA**] M. CERZA, B. BOUGHEY, K.W. LINDLER– « A Flat Heat Pipe for Use as a Cold Side Heat Sink », IEEE – IECEC, 2000;

[**CHI**] S.W. CHI – « Heat Pipe Theory and Practice », 1976;

[**DUNN**] P. D. DUNN, D.A. REAY - « Heat pipes »;

[**FAGHRI**] A. FAGHRI – « Heat pipe science and technology », 1995;

[**FERAL**] H. FERAL - « Modélisation des couplages électro-thermo-fluidiques des composants en boîtier press-pack », rapport de thèse, INP Toulouse, 2005;

[**FRELIN**] M. FRELIN - « Caractéristiques des fluides », Techniques de l'ingénieur, 1998;

[**GACKIC**] E. GACKIC, O. BOU-MATAR – « Cooling of High Power Density Multichip Array / Heat pipe – Fin array cooling solution for microchip module », Center for Risk Studies and Safety (CRSS), Goleta CA, 2000;

[**IVANOVA-1**] M. IVANOVA – « Conception et réalisation de fonctions thermiques intégrées dans le substrat de composants électroniques de puissance. Apport de la gestion des flux thermiques par des mini et micro caloducs », rapport de thèse, Laboratoire d'Electrotechnique de Grenoble, INPG, 2005;

[**IVANOVA-2**] M. IVANOVA, Y. AVENAS, O. KARIM, G. KAPELSKI, C. SCHAEFFER – « Application of sintered metal powder in power electronics cooling », 8th THERMINIC Workshop, Madrid, 2002;

[**JONES**] W. KINZY JONES, Y. LIU, M. GAO – « Micro Heat Pipes in Low Temperature Cofire Ceramic (LTCC) Substrates », Components and Packaging Technologies, IEEE Transactions, 2003;

[**KAMENOVA**] L. KAMENOVA, Y.AVENAS, S. TZANOVA, N. POPOVA, C. SCHAEFFER – « 2D Numerical Modelling of the Thermal and Hydraulic Performances of a Very Thin Sintered Powder Copper Flat Heat Pipe», IEEE – PESC, 2006 ;

[**KHANDEKAR-1**] S. KHANDEKAR, T. WELTE, M. GROLL – « Thermal Management of 3D Microelectronic Modules - Experimental and Simulation Studies », Proc. 12th Int. Heat Pipe Conf., 2002;

[**KHANDEKAR-2**] S. KHANDEKAR, M. GROLL, V. LUCKCHOURA – « Micro Heat Pipes for Stacked Microelectronic Modules », Proc. of Interpack, 2003;

[**LAROCHE**] F. LAROCHE –« Promenades mathématiques - Statique : Poudres », 2003;

[**LECLERCQ-1**] J. LECLERCQ – Techniques d'ingénieur : « Électronique de puissance - Éléments de technologie», 1994;

[**LECLERCQ-2**] J. LECLERCQ - « Électronique de puissance - Éléments de technologie »;

[**LEFEVRE**] F. LEFEVRE – rapport interne projet « Microcooling », WE4000, INSA Lyon, France, 2006 ;

[**LOH**] C. K. LOH, E. HARRIS – « Comparative Study of Heat Pipes Performances in Different Orientations », Semiconductor Thermal Measurement and Management Symposium, 2005;

[**MA**] H. B. MA, K. P. LOFGREEN, G. P. PETERSON – « An Experimental Investigation of a High Flux Heat Pipe Heat Sink », Journal of Electronic Packaging, March 2006;

[**MAHN**] Q. N. MAHN – « Evaluation thermique du packaging 3D », rapport de stage de Master2, Laboratoire d'Electrotechnique de Grenoble, INPG, 2006 ;

[**MASSIT**] C. MASSIT, G. NICOLAS - « High performance 3D MCM using silicon microtechnologies », CEA/ LETI, 1995;

[**MASSENAT**] M. MASSENAT - « Circuits en couches minces - MCM et techniques connexes », Université de Bordeaux, 2003;

[**MICHARD**] F. MICHARD, M. HUAN, C. COMBES, D. ROUSSET - « 3D Packaging Thermal Control Based on Miniature Heat Pipes for On-Board Transparent Digital Repeaters », 52nd International Astronautical Congress, Toulouse, France, 2001;

[**MONNEAU**] P. MONNEAU - « Les Liaisons du Cuivre », SDMS, 2000;

[**PANDRAUD**] G. PANDRAUD – « Etude expérimentale et théorique de microcaloducs en technologie silicium », rapport de thèse, Institut National des Sciences Appliquées de Lyon, 2004;

[**PETERSON-1**] G.P. PETERSON – « An Introduction to Heat Pipes », 1994;

[**PETERSON-2**] G.P. PETERSON, L.S. FLETCHER – « Effective Thermal Conductivity of Sintered Heat Pipe Wicks », Journal of Thermophysics and Heat Transfer, 1987;

[**POPOVA-1**] N. POPOVA, C. SCHAEFFER, G. KAPELSKI, C. SARNO, S. PARBAUD – « Thermal management of stacked 3D electronic packages », IEEE – PESC, Brezil, 2005;

[**POPOVA-2**] N. POPOVA, C. SCHAEFFER, G. KAPELSKI, C. SARNO, S. PARBAUD – « Development of micro heat spreaders integrated in 3-dimensionnal stacked electronic packages », ELMA, Bulgaria, 2005;

[**POPOVA-3**] N. POPOVA, Y. AVENAS, C. SCHAEFFER, G. KAPELSKI – « Fabrication and thermal performance of a thin flat heat pipe with innovative sintered copper wick structure », IEEE/IAS, 2006;

[**POPOVA-4**] N. POPOVA, C. SCHAEFFER, Y. AVENAS, G. KAPELSKI – « Fabrication and experimental investigation of innovative sintered very thin copper heat pipes for electronics applications », IEEE - PESC, Florida, 2006;

[**RIGHTLEY**] RIGHTLEY M. J., TIGGES C. P., GIVLER R. C., ROBINO C. V., MULHALL J. J., SMITH P. M – "Innovative wick design for multi-source, flat plate heat pipes", Sandia National Laboratories, 2003;

[**SARNO**] C. SARNO, J.B. DEZORD, G. MOULIN, M.C. ZAGHDOUDI - « Use of Metal Matrix Material Heat Pipes for the Thermal Management of High Integrated Electronic Packages », Proc. 11th Int. Heat Pipe Conf, 1999;

[**SCHULZ-HARDER**] J. SCHULZ-HARDER, J.B. DEZORD, Y. AVENAS, C. SCHAEFFER – « DBC (Direct Bonded Copper) Substrate with Integrated Flat Heat Pipe », Semiconductor Thermal Measurement and Management Symposium, 2006;

[**SHARAFAT**] S. SHARAFAT, Y. NOSENKO - « First Steps towards Realistic 3-D Thermo-mechanical Model », University of California, Los Angeles, 2004;

[**TAYLOR**] J. TAYLOR – « Analysis of a Heat Pipe Assisted Heat Sink », Thermacore;

[**TIEN**] C.L. TIEN– « Fluid Mechanics of Heat Pipes », Annual review of fluid mechanics. Volume 7, 1975;

[**VADAKKAN**] U. VADAKKAN, S. GARIMELLA – « Transport in Flat Heat Pipes at High Heat Fluxes from Multiple Discrete Sources », Journal of heat transfer, Vol. 124, 2004;

[**VOEGLER**] G. VOEGLER– « Flat Heat Pipe Design, Construction and Analysis », Naval Academy Annapolis MD, 1999;

[**WANG**] Y. WANG, G. P. PETERSON – « Investigation of a Novel Flat Heat Pipe », Journal of heat transfer, Vol. 127, 2005;

[**YAMAMOTO**] K. YAMAMOTO, K. NAKAMIZO - « High-Performance Micro Heat Pipe », Furukawa Review, No. 22, 2002;

[**ZAMPINO**] Marc Antony ZAMPINO - « Embedded heat pipes in cofired ceramic substrates for enhanced thermal management of electronics », rapport de thèse, Florida International University, 2001;

[**ZUO**] Z. Jon ZUO – « Improved Heat Pipe Performance Using Graded Wick Structures », Thermacore, 2002;

WWW et d'autres

[INTERNET-1]   http://www.x86-secret.com/articles/divers/stt/stt-3.htm   -
« Les secrets des transferts thermiques », 2003;

[INTERNET-2]
http://heatpipe.skku.ac.kr/bbs/view.php?id=gallary01&no=11;

[INTERNET-3] http://www.iut-lannion.fr/LEMEN/Mpdoc/Cmther/thcinrt.htm -
« Le rayonnement thermique » ;

[INTERNET-4] http://lphe1dell1.epfl.ch/~bay/cours/p-7.pdf - « Déformations
et élasticité »;

[INTERNET-
5] http://ipn.epfl.ch/webdav/site/ipn/shared/import/migration/TCv_1.pdf   -
« Chaleur Spécifique et Chaleur Latente de Vaporisation de l'Eau »;

[6] Rapport interne – projet européen « Microcooling », 2006 ;

[7] Rapport interne – projet européen « MCUBE », 2003 ;

ANNEXE 1 :

Tableau: Indications des thermocouples pour 50 W appliqués et des températures différentes de la source froide

51 W total (17 W par substrat)	Source froide	T1 Face arrière	T2 Fond milieu	T3 Fond côté	T4 Substrat inf.	T5 Substrat milieu	T6 Substrat sup.	T7 Couvercle
Test sans MIT	40℃	39,3 ℃	45,3 ℃	47,7 ℃	52,6 ℃	69,5 ℃	77,3℃	69,9 ℃
Graisse th. entre les interfaces	40℃	39,5 ℃	46,5 ℃	48,4 ℃	46,4 ℃	57,7 ℃	65℃	59 ℃
Test sans MIT	50℃	52,6 ℃	61,1 ℃	58,2 ℃	57,4 ℃	71,9 ℃	80,3℃	70 ℃
Graisse th. entre les interfaces	50℃	52,5 ℃	59,7 ℃	59,4 ℃	54 ℃	65,3 ℃	72,7 ℃	65 ℃
Test sans MIT	55℃	57,6 ℃	64,7 ℃	64,1 ℃	62,2 ℃	77 ℃	84,6 ℃	77,6 ℃
Graisse th. entre les interfaces	55℃	57,7 ℃	64,8 ℃	63,6 ℃	59,4 ℃	72,8 ℃	79 ℃	75 ℃

Zeitfracht Medien GmbH
Ferdinand-Jühlke-Straße 7
99095 Erfurt, Deutschland
produktsicherheit@kolibri360.de

Druck:
CPI Druckdienstleistungen GmbH
im Auftrag der
Zeitfracht Medien GmbH
Ein Unternehmen der Zeitfracht - Gruppe
Ferdinand-Jühlke-Str. 7
99095 Erfurt